全民科普 创新中国

做动物的亲密朋友

冯化太◎主编

汕头大学出版社

图书在版编目（CIP）数据

做动物的亲密朋友 / 冯化太主编. -- 汕头 ：汕头
大学出版社，2018.8
　ISBN 978-7-5658-3694-7

　Ⅰ. ①做… Ⅱ. ①冯… Ⅲ. ①动物－青少年读物
Ⅳ. ①Q95-49

中国版本图书馆CIP数据核字(2018)第164002号

做动物的亲密朋友　　　　　ZUO DONGWU DE QINMI PENGYOU

主　　编：冯化太
责任编辑：汪艳蕾
责任技编：黄东生
封面设计：大华文苑
出版发行：汕头大学出版社
　　　　　广东省汕头市大学路243号汕头大学校园内　邮政编码：515063
电　　话：0754-82904613
印　　刷：北京一鑫印务有限责任公司
开　　本：690mm×960mm 1/16
印　　张：10
字　　数：126千字
版　　次：2018年8月第1版
印　　次：2018年9月第1次印刷
定　　价：35.80元
ISBN 978-7-5658-3694-7

习近平总书记曾指出："科技创新、科学普及是实现创新发展的两翼，要把科学普及放在与科技创新同等重要的位置。没有全民科学素质普遍提高，就难以建立起宏大的高素质创新大军，难以实现科技成果快速转化。"

科学是人类进步的第一推动力，而科学知识的学习则是实现这一推动的必由之路。特别是科学素质决定着人们的思维和行为方式，既是我国实施创新驱动发展战略的重要基础，也是持续提高我国综合国力和实现中华复兴的必要条件。

党的十九大报告指出，我国经济已由高速增长阶段转向高质量发展阶段。在这一大背景下，提升广大人民群众的科学素质、创新本领尤为重要，需要全社会的共同努力。所以，广大人民群众科学素质的提升不仅仅关乎科技创新和经济发展，更是涉及公民精神文化追求的大问题。

科学普及是实现万众创新的基础，基础更宽广更牢固，创新才能具有无限的美好前景。特别是对广大青少年大力加强科学教育，使他们获得科学思想、科学精神、科学态度以及科学方法的熏陶和培养，让他们热爱科学、崇尚科学，自觉投身科学，实现科技创新的接力和传承，是现在科学普及的当务之急。

近年来，虽然我国广大人民群众的科学素质总体水平大有提高，但发展依然不平衡，与世界发达国家相比差距依然较大，这已经成为制约发展的瓶颈之一。为此，我国制定了《全民科学素质行动计划纲要实施方案（2016—2020年）》，要求广大人民群众具备科学素质的比例要超过10%。所以，在提升人民群众科学素质方面，我们还任重道远。

我国已经进入"两个一百年"奋斗目标的历史交汇期，在全面建设社会主义现代化国家的新征程中，需要科学技术来引航。因此，广大人民群众希望拥有更多的科普作品来传播科学知识、传授科学方法和弘扬科学精神，用以营造浓厚的科学文化气氛，让科学普及和科技创新比翼齐飞。

为此，在有关专家和部门指导下，我们特别编辑了这套科普作品。主要针对广大读者的好奇和探索心理，全面介绍了自然世界存在的各种奥秘未解现象和最新探索发现，以及现代最新科技成果、科技发展等内容，具有很强的科学性、前沿性和可读性，能够启迪思考、增加知识和开阔视野，能够激发广大读者关心自然和热爱科学，以及增强探索发现和开拓创新的精神，是全民科普阅读的良师益友。

目 录
CONTENTS

原生动物

草履虫

　　草履虫是一种身体很小，圆筒形的原生动物，它只由一个细胞构成，是单细胞动物，雌雄同体。最常见的是尾草履虫。体长只有180至280微米。它和变形虫的寿命最短，以小时来计算，寿命时间为一昼夜左右。因为它身体形状从平面角度看上

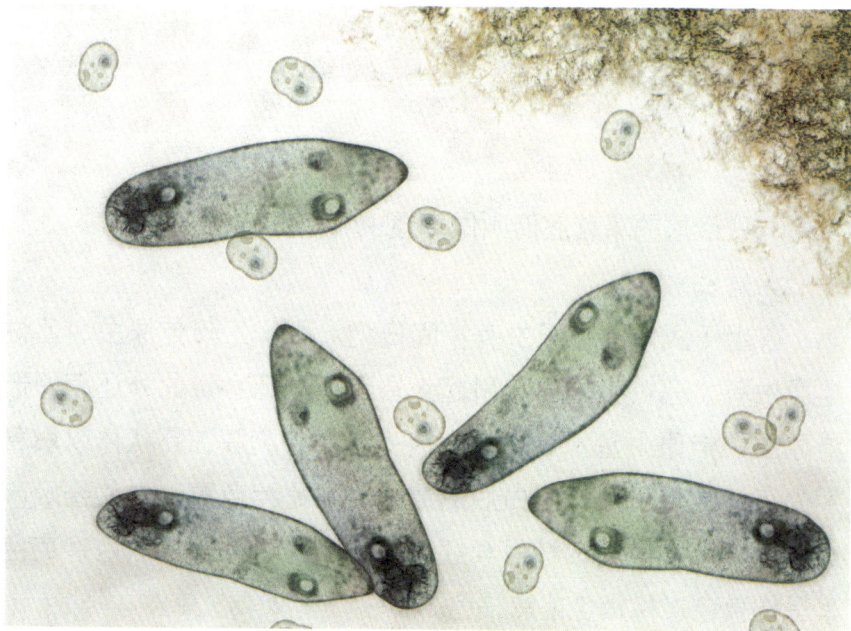

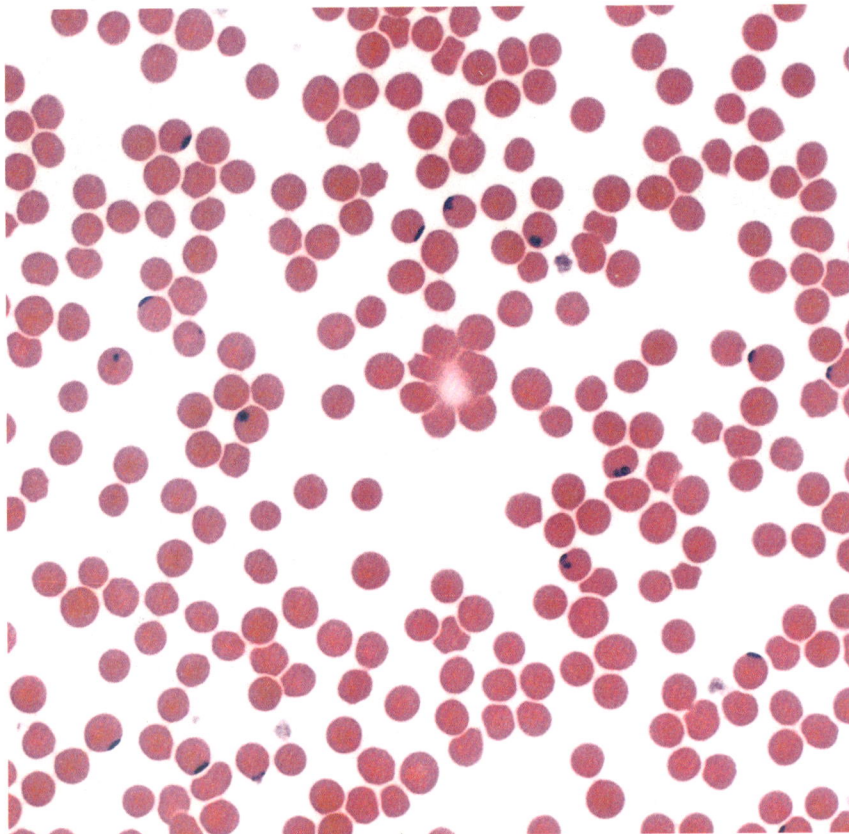

去像一只倒放的草鞋底而叫做草履虫。

疟原虫

寄生于人体的疟原虫有：间日疟原虫、三日疟原虫、恶性疟原虫等。恶性疟原虫会引起人昏迷直至死亡，此外还有卵形疟原虫。疟原虫基本结构包括核、胞质和胞膜，环状体以后各期尚有消化分解血红蛋白后的最终产物是疟色素。血片经姬氏或瑞氏染液染色后，核呈紫红色，胞质为天蓝至深蓝色，疟色素呈棕黄色、棕褐色或黑褐色。

锥虫

一种血鞭毛原虫，寄生于鱼类、两栖类、爬虫类、鸟类、哺乳类以及人的血液或组织细胞内。寄生于人体的锥虫依其感染途径可分为两大类，即通过唾液传播的涎源性锥虫和通过粪便传播的粪源性锥虫。其进入血液和组织间淋巴液后，就会出现广泛淋巴结肿大，淋巴结中的淋巴细胞、浆细胞和巨噬细胞增生。侵入中枢神经系统可在发病后几个月或数年才出现。

眼虫

身体呈梭形，能分出前后，前端有一根鞭毛，靠其搅动在水中游泳。它最明显的特征是有一个能感光的"眼点"，故叫做眼虫。它有两种生活方式：一种是寻找泥里的有机物为食；

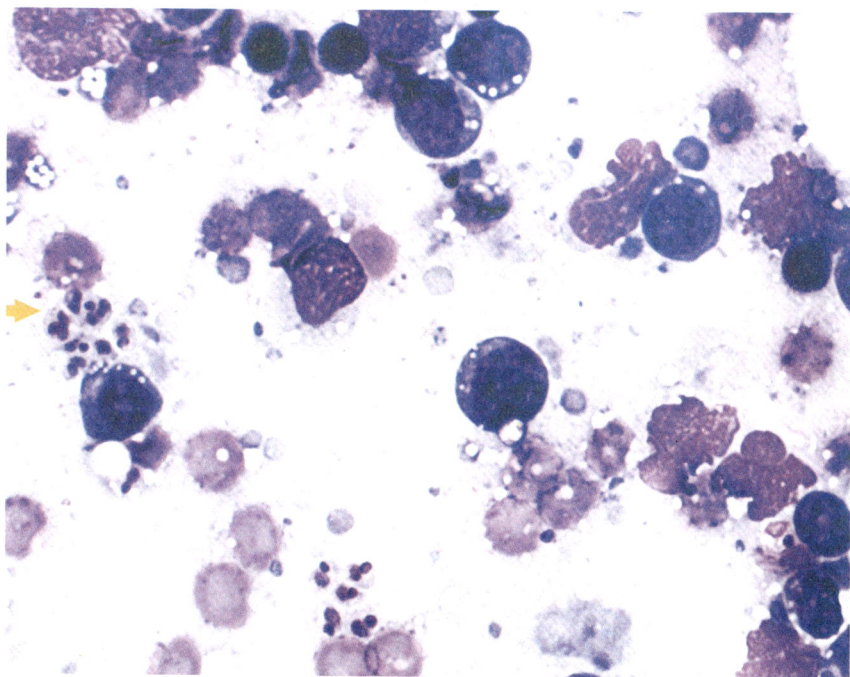

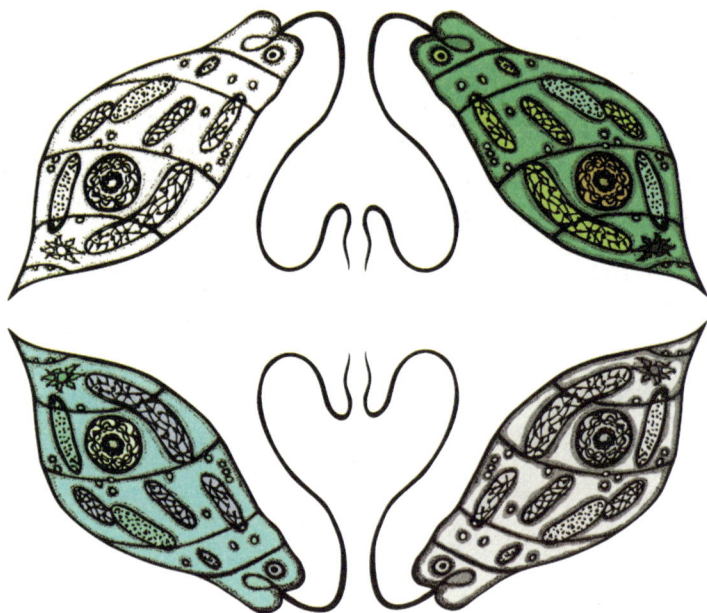

另一种依靠自己体内的叶绿素，和植物一样可进行光合作用为自己制造食物，这种生活方式说明，在原始最低等动物中，动、植物之间的界线还并不明显。

拓展阅读

原生动物还有：棘尾虫、泰勒氏虫、辐球虫、异网足虫、球房虫、盘藻、管领鞭毛虫等。原生动物无所不在，从南极到北极的大部分土壤和水生栖地中都可发现其踪影，大部分肉眼都看不到。

多孔动物

白枝海绵属

常见于码头，种类多、分布广、构造最简单，包括了大多数单沟型种类。其个体细长，由根状的突起连成一簇并附着于海底或其他物体上。水由体表的无数小孔流入中央腔，内壁领细胞的鞭毛摆动，引起水流，从上端大孔流出。外体壁由扁平

细胞构成。体壁之间是胶质中胶层，含有自由移动的变形细胞和骨针。

海绵

没有嘴巴、鼻子，不会游动，只固着在水中的岩石上。其上面有较大的开口，周围壁上有成千上万的小孔，里面有个腔，即它的肚子，肚子里充满了水。难怪从海里采出的海绵都是一块块的，用力一捏水就流了出来，放进水里又会吸满水。

穿贝海绵

能溶解并钻入含钙的物质，如石灰石、珊瑚和贝壳内。其幼体固着在这些物质上，钻穴道而发育为成体，能破坏海贝，使其不至于在海底大量积聚，故有生态学意义。其分布很广，钻入贝壳后就开始横向扩展，不断将贝壳凿穿成许多大小不同的孔、室，随着海绵的生长，逐渐将几个室连通成一片，最后将整个贝壳凿毁。

古杯动物

是一种绝灭了的海底动物，形状如同酒杯，其生活方式和新陈代谢作用基本与海绵类相同。但它是个体动物，一般生活

在蓝、绿藻当中，最合适的生长环境是在水深20米至30米的海底。古杯动物从早寒武纪开始出现，到了中寒武纪就绝灭了。因为它对生活环境要求很严，不能在海水浑浊的地方生长，故不能用它作为划分对比地层的标准化石。

拓 展 阅 读

最大的海绵：生活在安第列斯海中，它形如一个空心花瓶，高有1米，直径有0.8米；重的海绵像一个大球，里面可盛100升水，这些水的重量至少是海绵体重的30倍。

腔肠动物

珊瑚

　　生长在海中，像树枝又像花，因此很久以来，一直被误认为是一种海生植物。直至20世纪20年代人们才发现，珊瑚不是植物，而是一种腔肠动物。珊瑚的品种极其繁多，品质各异。可以构成珊瑚礁的珊瑚必须生活在明亮、温暖、清洁的水中。随着它们的成长、死亡，这些珊瑚的硬壳不断堆积，最后形成

珊瑚礁。

水螅

通过芽接繁殖的淡水腔肠动物，是一种微小的圆柱状淡水动物，体长约0.01米，通常一头固定在水下植物或瓦砾上，另一头有许多刺毛触须。它们生活在溪流、池塘之中，通过芽接繁殖。每当条件适宜时，母体水螅身上就会长出一个小的肿胀

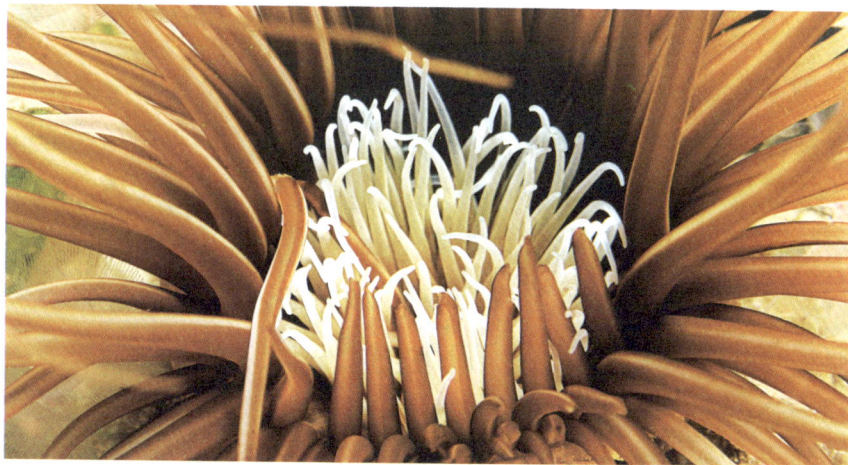

部，最终会从母体中分离，变成一只新水螅。

拳头海葵

口盘及触手长满了共生藻，这也影响了它们的色泽，其触手构造很独特，顶端通常呈气泡型，也会因压缩而成球形或梨形。它们以整体群居方式栖息在浅水地带，利用石缝或者岩洞用以隐藏，会依照栖息地不同，来选择共生的鱼类。食小虾、贝类海蚌、鱼肉等。通常分布在印度洋、太平洋、红海到萨摩亚群岛之间的浅海珊瑚礁，水深40米以内的海域。

海葵

捕食性动物，食性很杂，食物包括软体动物、甲壳类和其他无脊椎动物等。它们多数不移动，有的偶尔爬动；有的以翻筋斗方式移动。海葵没有

骨骼，但能分泌角质外膜，非常长寿，多数喜独居。许多种海葵看上去很像色彩艳丽的植物，而不像动物。红海葵等多数海葵终生固着在岩石等坚硬的物体上。它们利用具有刺丝囊的触手捕捉从附近游过的小动物。

澳大利亚箱形水母

一种淡蓝色的透明水母，形状像箱子。它的触须可达3米长，每条触须上都布满了储存毒液的刺细胞。澳大利亚箱形水母游速超过每小时4000米。在炎热天气中，它们潜入深水处，只是在早晨和傍晚时才上浮到水面，在风平浪静的时候会游向海滨浴场。它被认为是目前世界上已知的、对人类毒性最强的生物之一，十大致命动物排名第三位，人一旦被其触须刺中，

三分钟之内就会死亡，并且无药可救。

僧帽水母

外形酷似水母，是终生群居的一类浮游腔肠动物。在僧帽水母群中，由一个僧帽水母形成浮囊，其余的则负责刺杀、消化猎物，进行繁殖。当它们在水面上漂浮时，其有毒的触手倒垂在水下，有时能伸到20米深的海水中，它们的触手能将人缠住并杀死。

海月水母

典型的漂流水母，其伞无色透明，呈圆盘状，直径0.1米至0.3米，身体98%是水。它们浮游时，外伞向上，下伞向下。它们的幼虫从受精卵发育而成，幼虫的身体表面有无数的纤毛，用来游泳。其通过有性生殖，就可以产生受精卵，开始下一个生命的轮回。其口腕上有许多刺细胞，可放出刺丝麻痹小无脊椎动物，再将它吞入口中，经口道进入胃。如果人不小心与它们的触须接触，会立即得皮疹，让人痛苦不堪。

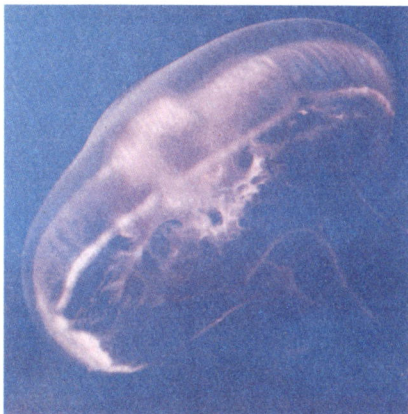

马赛克水母

也被称蓝鲸脂水母，个

头浑圆，模样可爱，头部伞呈圆钟形，后面有八只在口器的挤压下形成的口腕。其色彩丰富，为半透明体，由于体内的生殖腺或胃囊等结构具有色泽，而使身体在透明中出现局部的粉红色、橘红色、白色、红色、蓝色、紫色与黄色。

拓 展 阅 读

世界上最长的腔肠动物：北极霞水母，伞盖直径可达2.5米，伞盖下有8组触手，每组有150根左右。每根触手伸长达40多米，而且能在一秒中内收缩到只有原来长度的十分之一。

线形动物

钩虫

　　当它与人体皮肤或黏膜接触，受皮肤温度刺激后，会立即表现出极为活跃的钻刺活动。一般通过毛囊汗腺孔或其他皮肤较薄处侵入人体，随血流经右心至肺，再经气管到达咽喉部位，随宿主的吞咽活动，下行经胃而达小肠，在小肠内变为成虫。

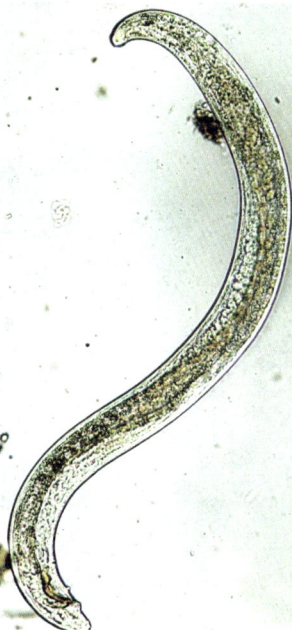

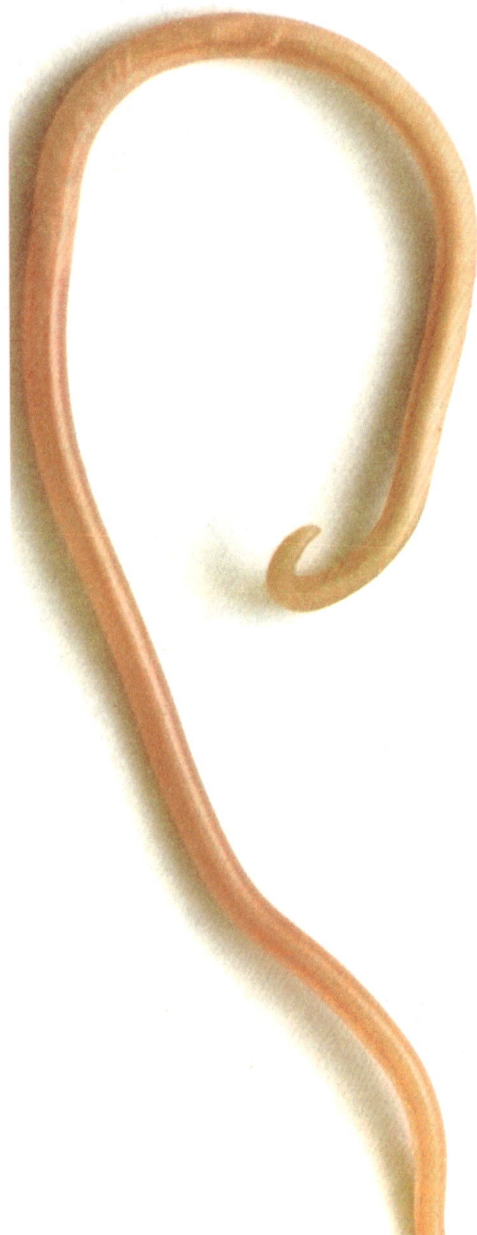

人蛔虫

人体最常见的寄生线虫。成虫寄生于人体小肠中，虫卵随粪便排出。除人蛔虫外还有寄生于猪的猪蛔虫，寄生于马、驴等的马蛔虫和寄生于鸡的鸡蛔虫等。蛔虫是世界性分布种类，感染率可达70%以上，农村高于城市，儿童高于成人。预防蛔虫病应注意饮食卫生，注意饭前便后洗手。

丝虫

人类丝虫病的病原体，我国有两种：斑氏吴策线虫和马来布鲁线虫。成虫寄生于人体淋巴系统，通过蚊虫传播。其虫体细长如线，乳白色，表面光滑，幼虫寄宿在中间宿主蚊体内，成虫寄生于最终宿主人体淋巴管及淋巴结内。丝虫病在我国早有记

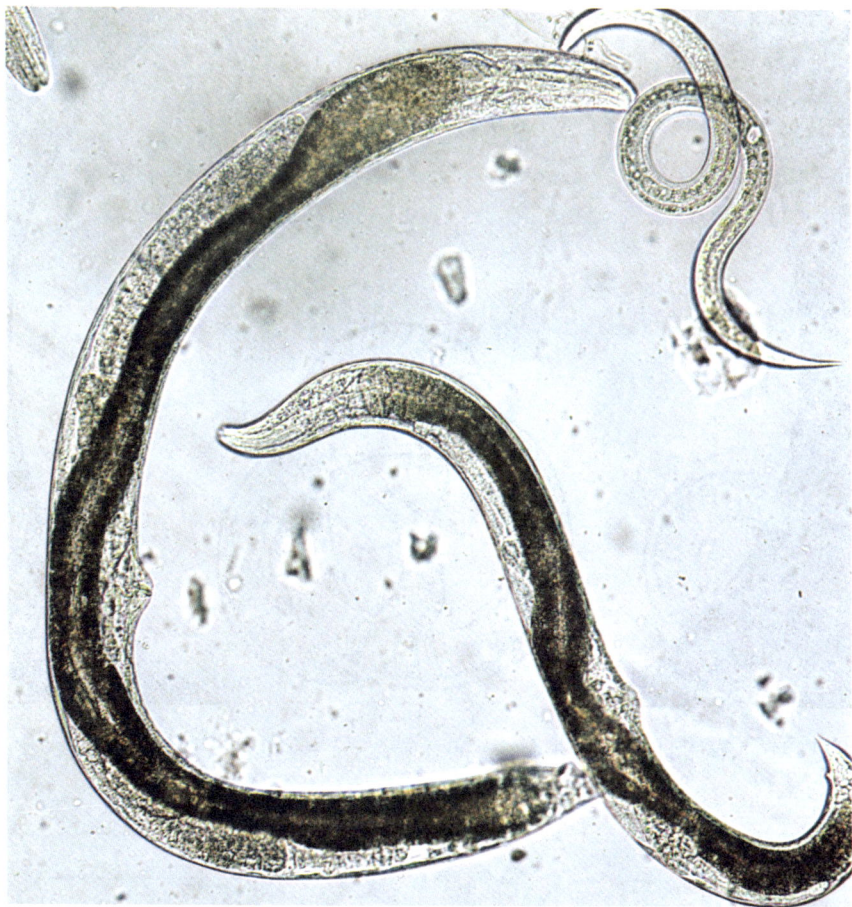

载，如隋唐时代的医书中关于淋巴管炎、象皮肿及膏热、热淋
等的描述，均为丝虫病的历史资料。

旋毛虫

其幼虫寄生于肌纤维内，一般形成囊包，囊包呈柠檬状，
内含一条略弯曲似螺旋状的幼虫。囊膜由二层结缔组织构成，
外层甚薄，具有大量结缔组织；内层透明玻璃样，无细胞。人
因食入含有旋毛虫囊包的生哺乳动物肉而染病。另外，含旋毛

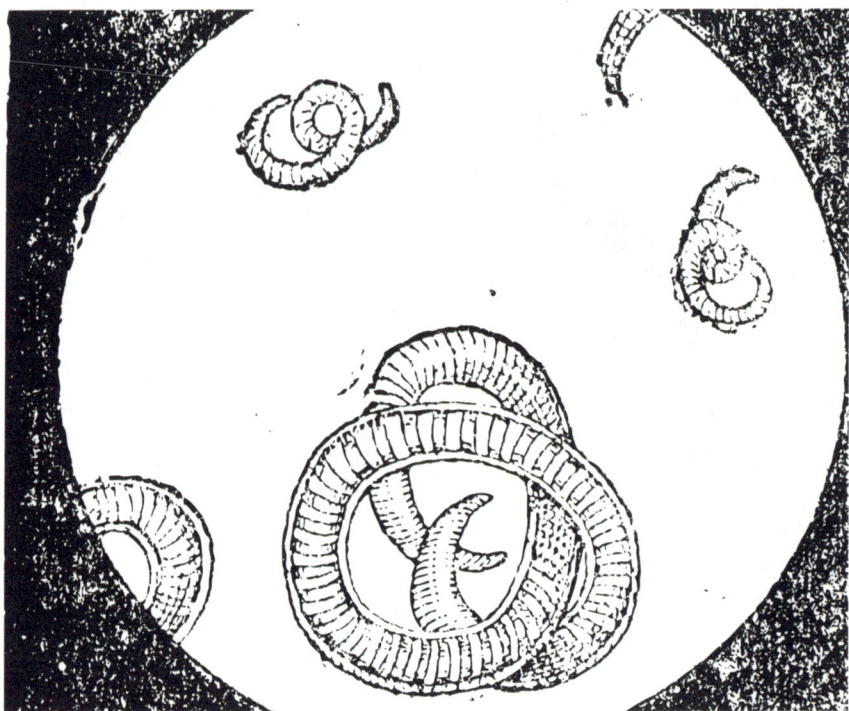

虫囊包的碎肉屑也可被猪、狗、猫、鼠等食入，因此，本病也可在这些动物中传播。

拓展阅读

线形动物是动物界中较为复杂的一个类群，包括线虫纲、线形纲、棘头纲、腹毛纲、动吻纲、轮虫纲等。

最大的寄生线虫：蛔虫。

环节动物

山蛭

山林中有名的"吸血鬼"。当人或动物在山林中行走时，山蛭就不知不觉地爬到人的腿上，乘机拦路打劫。它用两个吸盘牢牢地吸着皮肤，再用口中的颚在皮肤上切开"Y"形的伤口，吸食血液。由于山蛭口里能分泌抗凝血的物质，破坏血液中血小板的凝血功能，因此被山蛭咬过的伤口常血流不止。

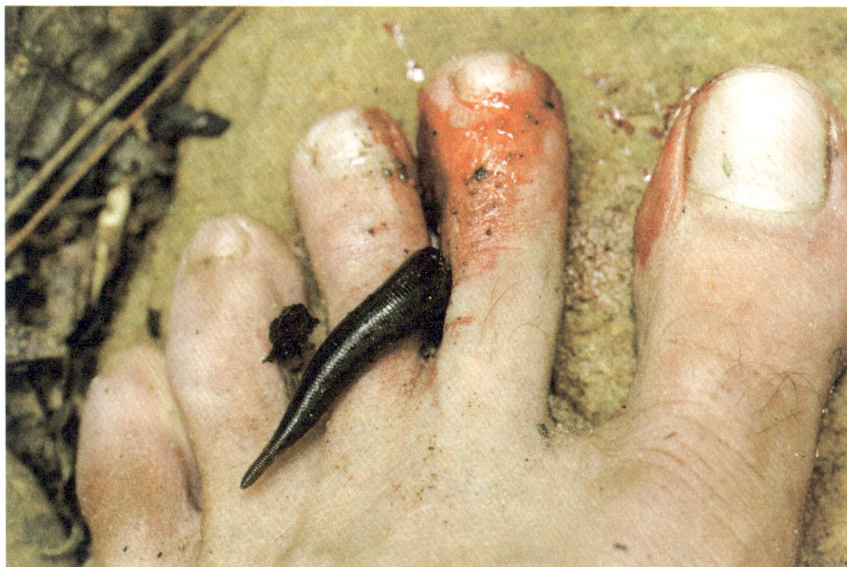

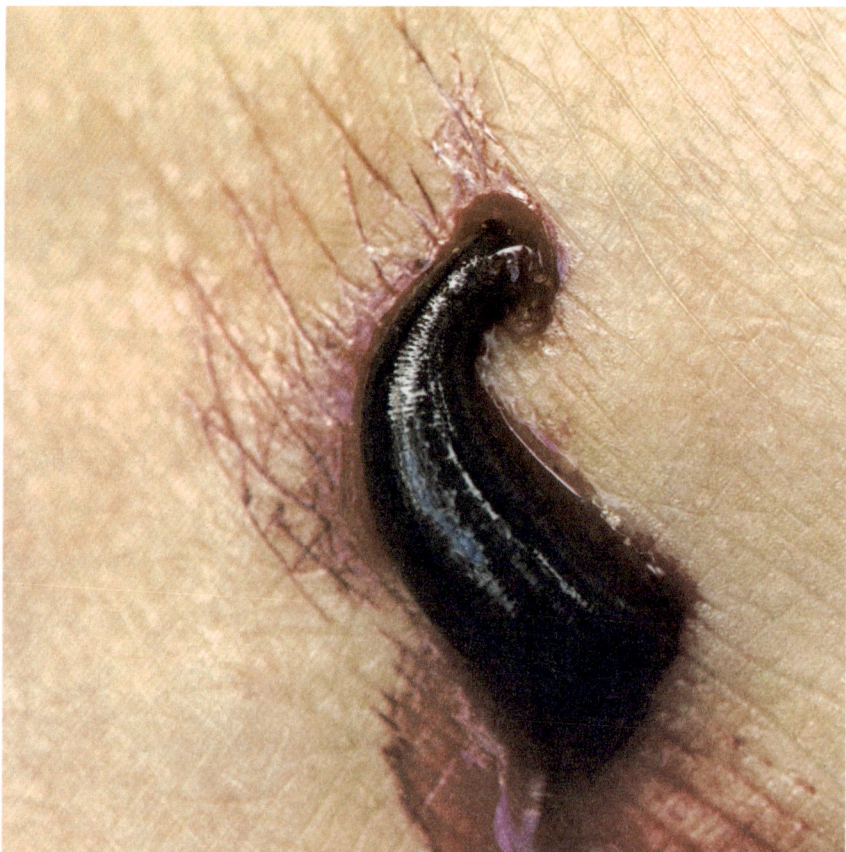

水蛭

它吸食人、畜血液，下水田劳动时，应多加注意。另外水蛭唾液中所含的水烃素，能抑制凝血酶的活性而发挥抗凝血作用。所以中医学上以其虫体经干燥炮制后入药，主治血淤、经闭、症结痞块等症。水蛭能准确地预报天气，因为它对水中缺氧十分敏感。在下雨前，气压低，湿度大，水中缺氧，水蛭呼吸十分困难，所以在水中焦躁不安，上下翻滚，这就预示着暴风雨就要来临。

沙蚕

多毛纲叶须虫目的一科。体长圆柱形，两侧对称、后端尖，有许多体节。可分为头部、躯干部和尾部。头部发达，由口前叶和围口节两个主要部分组成。躯干部有许多结构相似的体节，每个体节两侧具外伸的肉质扁平突起，即疣足。喜栖息于有淡水流入的沿海滩涂、潮间带中区到潮下带的沙泥中，幼虫食浮游生物，成虫以腐殖质为食。

蚯蚓

它在1837年被生物学家达尔文称之为地球上最有价值的动物。蚯蚓在中药里叫地龙。当蚯蚓被切成两段时，在适宜的条件下，一条可以变成两条。蚯蚓味觉灵敏，喜甜食和酸味，厌苦味。喜欢热化细软的饲料，对动物性食物尤为贪食，每天吃食量相当于自身重量。

拓展阅读

合胃蚓：也称"中华合胃蚓"，体长而大，长达0.54米。体壁光滑，略透明，近于白色，前端微呈淡黄。产于我国苏州、无锡和南京一带，是一种稀有动物。

软体动物

蜗牛

　　世界上牙齿最多的动物，虽然它的嘴大小和针尖差不多，但是却有2.56万颗牙齿。在蜗牛的小触角中间往下一点儿的地方有一个小洞，是它的嘴巴，里面有一条锯齿状的舌头，称之为"齿舌"。它主要以植物为食，特别喜欢吃农作物的细芽和嫩叶，所以野生的蜗牛对农作物危害较大。

乌贼

它的身体像个橡皮袋子，内部器官都包裹在袋内。在身体的两侧有肉鳍，用来游泳和保持身体平衡。乌贼的头较短，两侧有发达的眼，头顶长口，口腔内有角质颚，能撕咬食物。足生在头顶，所以又称头足类。头顶的10条足中有8条较短，内侧密生吸盘，称为腕；另有两条较长、活动自如的足，能缩回到两个囊内，称为触腕，只有前端内侧有吸盘。乌贼主要吃甲壳类、小鱼或其他软体动物，主要敌害是大型水生动物。它是头足类中最为杰出的放烟幕专家，在遇到敌害时，会喷出烟幕，助其逃生。

章鱼

又称石居、八爪鱼、石吸、望潮或死牛，有8个腕足，腕足上有许多

吸盘。其力大无比、残忍好斗、足智多谋。它喜欢钻进动物的空壳里居住。爱子心切是它的一个固有习性，它对子女爱护备至，体贴入微，为了子女甚至累死也心甘情愿。它有时会喷出黑色的墨汁。帮助自己逃跑，它还有相当发达的大脑。

鱿鱼

虽然人们习惯上称它们为鱼，其实它并不是鱼，而是生活在海洋中的软体动物。鱿鱼体内有两片鳃作为呼吸器官，身体分为头部、很短的颈部和躯干部。头部两侧具有一对发达的眼和围绕口周围的腕足。目前市场看到的鱿鱼有两种：一种是躯干部较肥大的鱿鱼，它的名称叫"枪乌贼"；一种是躯干部细长的鱿鱼，它的名称叫"柔鱼"，小的柔鱼俗名叫"小管仔"。

牡蛎

　　牡蛎，属牡蛎科或燕蛤科，双壳类软体动物，分布于温带和热带各大洋沿岸水域。左壳大，略凹，固着外物，右壳小平。无绞合齿，壳面有放射肋和鳞片层，为海产贝类中主要养殖种类，我国沿海有20多种。

　　密鳞牡蛎壳呈圆形，鳞片层较密，在我国沿海均有分布。增帽牡蛎壳小，呈三角形，为东南沿海重要养殖种类。若一粒外物侵入牡蛎的壳内，牡蛎即分泌真珠质将外物层层包起而形成珍珠。

砗磲

　　也叫车渠，是海洋贝壳中最大的一种，直径可达1.8米。砗碟一名始于汉代，其外壳表面有一道道呈放射状之沟槽，其状如古代车辙，故称车渠。后人因其坚硬如石，因而在车渠旁加石字。砗磲、珍珠、珊瑚、琥珀在西方被誉为四大有机宝石，在我国佛教中砗磲与金、银、琉璃、玛瑙、珊瑚、珍珠也被尊为七宝。

海笋

有的在泥沙滩上掘洞穴居；有的在木材中穿洞生活；也有的能把岩石凿成洞居住。后一种类型的海笋对港湾中岩石的建筑物有一定的害处，程度虽然不像船蛆那样普遍，但有时候也很严重。它们的身体呈长卵形，贝壳表面的中部，由背面向腹面有一条稍微向后方倾斜的线沟，把贝壳分为前后两个部分，前部稍稍凸出，后部平滑。

文蛤

具有随水质因子变动或生长习性由中潮区

向低潮区下带移动的习性，俗称"跑流"，即在生长过程中除能借助其斧足移动外，还可以通过分泌透明胶质带而随潮流移动。移动发生的季节，主要是在5月下旬至6月下旬和9月中下旬这两个阶段的大潮期的涨潮初期和退潮末期。潮流停止后，移动即终止，文蛤潜入滩中，透明带也随之消失。

拓 展 阅 读

发光的乌贼：萤乌贼，体形很小，其腹面有三个发光器，有的眼睛周围还有一个。它发出的光可以照亮0.3米远。当它遇到天敌时，便射出强烈的光，把天敌吓得仓皇而逃。

节肢动物

螃蟹

它们的身体被硬壳保护，靠鳃呼吸，长着一对非常特殊的眼睛，名叫柄眼，眼睛可以上下伸缩，伸出来时犹如两个瞭望哨。其最厉害的防身武器是一对大螯，在求偶季节，这对大螯也用以招引异性。绝大多数种类的螃蟹生活在海里或靠近海洋，也有一些螃蟹栖于淡水或住在陆地。

蜘蛛

其身体分头胸部和腹部两部分，头胸部覆以背甲和胸板。头胸部有附肢两对：第一对为螯肢，有螯牙，螯牙尖端有毒腺开口；第二对为须肢，在雌蛛和未成熟的雄蛛呈步足状，用以夹持食物以及作为感觉器官。

雄性成蛛须肢末节膨大，变为传送精子的交接器。除南极洲以外，全世界都有蜘蛛分布，均为陆生。最大的蜘蛛是南美洲的潮湿森林中的格莱斯捕鸟蛛，它在树林中织网，以网来捕捉自投罗网的鸟类为食，雄性蜘蛛张开爪子时有0.38米宽。

最小的蜘蛛为施展蜘蛛，体长只有0.043厘米，还没有印刷体文字中的句号大。

虾

身体扁而长的一类甲壳动物。外骨骼有石灰质，分头胸和腹两部分，头胸由甲壳覆盖，腹部由7节体节组成，头胸甲的前端有一只呈锯齿状的额剑和一对能转动的复眼。其用鳃呼吸，鳃位于头胸部两侧，为甲壳所覆盖。它们的头、胸部有两对触角，5对步足，主要用来捕食及爬行。

蝎

它的腹部较长，前腹7节，后腹5节，末端有一球体，内藏毒液，突起部分形成尾刺，高高举起，活像一把战刀。蝎为夜

行性动物，主要以昆虫及蜘蛛为食，捕食时用形大、力强的脚须攫住猎物，将其撕碎，并吸其汁液，遇到大型的猎物则通常先用尾刺蜇刺，注入毒液使之麻痹，然后把它吃掉。蝎主要分布于除寒带以外的世界大部分地区，在我国南北各地广为分布。

蝴蝶

色彩鲜艳，翅膀和身体有各种花斑，头部有一对棒状或锤状触角，这是蝴蝶和蛾类的主要区别。最大的蝴蝶展翅可达0.24米，最小的只有0.016米。大型蝴蝶非常引人注意，有人专门收集各种蝴蝶标本。在美洲"观蝶"迁徙和"观鸟"一样，成为一种活动，吸引许多人参加。有许多种类的蝴蝶是农业和果木的主要害虫。

蜈蚣

为节肢动物，喜栖于潮湿阴暗的地方。其身体呈扁平长条形，全体由22个环节组成，最后一节略细小，头部两节暗红

色，每一节上有一对足，所以叫做多足动物。

蜈蚣的第一对脚呈钩状，锐利，钩端有毒腺口，一般称为腭牙、牙爪或毒肢等，能排出毒汁。其钻缝能力极强，岩石和土地的缝隙大多能钻通并在此栖息。它们一般白天隐藏在暗处，晚上出去活动，主要以蚯蚓、昆虫等动物为食。蜈蚣为常用药材，性温，味辛，有毒，具有息风镇痉、攻毒散结、通络止痛之功能。

蜣螂

俗名屎壳郎。有"自然界清道夫"的称号。蜣螂发现了一堆粪便后，便会用腿将部分粪便制成一个球状，将其滚开。它会先把粪球藏起来，然后再

吃掉。蜣螂还以这种方式给它们的幼仔提供食物。一对正在繁殖的蜣螂会把一个粪球藏起来，但是这时雌蜣螂会用土将粪球做成梨状，并将自己的卵产在梨状球的颈部。幼虫孵出后，就以粪球为食。等到粪球被吃光，它们已经长大为成年蜣螂，破土而出了。

虎甲

肉食性昆虫，白天活动，经常在路上觅食小虫，当人接近时，它常向前做短距离飞翔，故有俗名拦路虎、引路虫等。按体长比例计算，它是陆地上奔跑最快的生物，每秒钟可以移动体长的171倍。在极速奔跑时，由于其复眼结构限制，加上大脑处理能力不足，会导致瞬间失明，所以在追捕猎物的过程中不

得不时常停下来重新定位猎物，然后继续追杀。

蚰蜒

有的地方称香油虫或草鞋底。体短而扁，为灰白色或棕黄色，全身分15节，每节有足1对，最后一对足特别长。它的气门在背中央，足易脱落，触角长毒颚很大，行动敏捷，多生活在房屋内外的阴暗潮湿处，捕食蚊蛾等小动物。它的形态结构与蜈蚣很相似，区别是蚰蜒的身体较短，步足特别细长。当蚰蜒的一部分足被捉住的时候，这部分步足就从身体上断落下来，使身体可以逃脱，这是蚰蜒逃避敌害的一种方法。

叶甲

分布于全球，但集中在热带，体卵圆形，足短，触角长约为体长之半，体长不到0.012米，许多种类为食叶的重要害虫，主要以谷物和观赏植物为食。杨叶甲的卵是红色的，成虫

的鞘翅及腹背等部位也是红色的，这些红色信号明确告诉捕猎者它们不是好惹的。但是，刚从红色卵里孵出的小幼虫及低龄幼虫，虫体却以黑色为主，看上去不怎么显眼。长大了的幼虫，全身肉乎乎的，透过薄薄的体壁，可以见到体内发达的脂肪体。

螳螂

多黏附于树枝、树皮、墙壁等物体上。一只螳螂的寿命有6个月至8个月，有些种类行孤雌生殖。肉食性，猎捕各类昆虫和小动物，在田间和林区能消灭不少害虫，因而是益虫。其性残暴好斗，缺食时常有大吞小和雌吃雄的现象。它们有保护色，有的还有拟态，与其所处环境相似，借以捕食多种害虫。螳螂可捕食40余种害虫，如蝇、蚊、蝗、蟊斯若虫，蛾蝶类的卵、

幼虫，裸露的蛹、成虫等小型昆虫，蝉、飞蝗等大型昆虫。

蝙蝠蛾

个体较粗壮，头小，无单眼，触角短，雄蛾羽状，雌蛾念珠状，口器退化，无喙管，翅狭长。幼虫多生活在树木的茎干或根的中间，成虫常在傍晚近地面飞行，颇似蝙蝠。冬虫夏草的"虫"就是蝙蝠蛾幼虫。当蝙蝠蛾的幼虫于冬季前后被虫草菌感染后，菌丝充满虫体全身，幼虫即僵硬，故名"冬虫"；到了夏季，又从死虫的头顶上长出管形的菌座，露出地面，故名"夏草"。

蟋蟀

也称"促织"、"趋织"、"吟蛩"、"蛐蛐儿"。其触角比体躯长，体长约0.02米，在地下活动，啮食植物茎叶、种实和根部。蟋蟀雌虫尾部中间有一根很长的针状产卵器，不会鸣叫；雄虫尾部没有针状产卵器，会鸣、善斗。在斗蟋蟀时，如果以细软毛刺激雄蟋的口须，会鼓舞它冲向敌手，努力拼搏；如果触动它的尾毛，

则会引起它的反感，用后足胫节向后猛踢，表示反抗。

瓢虫

和所有的野生动物一样，瓢虫不会像人类那样拥有一个可以庇护的住宅。它们只能坚强地忍受各种恶劣的气候，有时会藏身于树叶之下，把树叶作为挡风遮雨的保护伞。瓢虫还是个游泳和潜水的能手。它们的生命周期约为4周，故每年夏季可繁殖数代。幼虫细长柔软，通常为灰色，具蓝、绿、红或黑色斑，以其他昆虫或虫卵为食。

黄蜂

又称为胡蜂或马蜂，是一种分布广泛、种类繁多、飞翔迅速的昆虫。雌蜂身上有一根有力的长螫针，在遇到攻击或不友

善于扰时，会群起攻击，可以致人出现过敏反应和毒性反应，严重者可导致死亡。其通常用浸软的似纸浆般的木浆造巢，食取动物性或植物性食物。其成虫时期的身体外观也具有昆虫的标准特征，包括头部、胸部、腹部、3对脚和1对触角；同时，它的单眼、复眼与翅膀，也是多数昆虫共有的特征；此外，腹部尾端内隐藏了一支退化的输卵管，即为毒蜂针。

蜜蜂

源自于亚洲与欧洲，由英国人与西班牙人带到美洲。蜜蜂为取得食物不停地工作，白天采蜜、晚上

酿蜜，同时替果树完成授粉任务，是农作物授粉的重要媒介。其雄蜂通常寿命不长，不采花粉，也不负责喂养幼蜂。雌蜂负责所有筑巢及贮存食物的工作，而且它们通常有特殊的结构组织以便于携带花粉。它的口部是花粉采集和携带的器具，似乎能适应各种不同种类的花。蜜蜂会发出声音，它的发声器官位于蜜蜂腹部的两个极其小的黑色圆点。

蜻蜓

它的眼睛又大又鼓，占据着头的绝大部分，并且每只眼睛又由数不清的"小眼"构成，这些"小眼"都与感光细胞和神经连着，可以辨别物体的形状大小，所以它们的视力极好，而且还能向上、向下、向前、向后看而不必转头，它们的复眼还能测速。一般在池塘或河边飞行，幼虫在水中发育。成虫在飞行中捕食飞虫，食蚊及其他对人有害的昆虫，但食性广，所以不能靠它专门防治某种虫害。已知种类不超过5000种。

大蚕蛾

其口器完全没有功能，成虫不取食，雄性的触角为羽状，而雌性的呈线状。成虫翅展0.085米至0.09米。体型粗大，属大型蛾类。由于体形大而且色彩鲜艳，曾被誉为"凤凰蛾"。身体黄色，前后翅斑纹相同。成虫常在夜间活动，多以卵越冬，老熟幼虫可以吐丝作茧。成虫一般于7月间出现，一年产生一代。分布在东南亚的大蚕蛾，在翅面积方面属最大的蛾，卵被产于范围广泛的树叶灌木，幼虫取食叶片。在全世界分布广泛。

蚂蚁

一种有社会性生活习性的昆虫。是完全变态型昆虫，要经过卵、幼虫、蛹阶段才发展成成虫。蚂蚁的幼虫阶段没有任何

能力，它们也不需要觅食，完全由工蚁喂养，工蚁刚发展为成虫的头几天，负责照顾蚁后和幼虫，然后逐渐地开始做挖洞、搜集食物等较复杂的工作。有的种类蚂蚁工蚁有不同的体型，个头大的头和牙也发展得大，经常负责战斗，保卫蚁巢，也叫兵蚁。

萤火虫

全世界有2000多种萤火虫。目前已知的萤火虫种类，其幼虫都会发光，但有的成虫不会发光，如弩萤属的萤火虫，虽然幼虫会发光，但雌雄成虫都不会发光。萤火虫发光的目的，早

期学者提出的假设有求偶、沟通、照明、警示、展示及调节族群等功能。但是除了求偶、沟通之外，其他功能只是科学家观察的结果，或只是臆测。后来也有人提出其发光还有警告其他生物的作用。

蝗虫

全世界有1万多种，分布于全世界的热带、温带的草地和沙漠地区。蝗虫的起源，以及某些可以长达0.15米的种类的灭绝，至今仍原因不明。蝗虫引申为"吃皇粮"的害虫。幼虫只能跳跃，成虫可以飞行，也可以跳跃。人们常说的蚂蚱只是蝗虫的幼虫，并不是单独的物种。另有一种常见昆虫草螽，又名蚱螽，在我国北方也称蚂蚱，俗称扁担勾，常易同蝗虫幼虫混淆。

蝉

又名知了。雄蝉近腹的基部有鼓膜，震动膜时能发出响亮的声音。多数北美蝉发出有节奏的"滴答"声或"呜呜"声，但某些种类的声音甚动听。

蝉的卵常产在木质组织内，幼虫一孵出即钻入地下，吸食多年生植物根中的汁液。一般经5次蜕皮，需几年才能成熟。雌虫数量多时，产卵行为会损坏树苗。每当蝉口渴、饥饿之际，就会用自己坚硬的口器，即一根细长的硬管，插入树干中吮吸汁液，把大量的营养与水分吸入自己的身体中，用来延长自己的寿命。

拓展阅读

蜈蚣为陆生节肢动物，身体由许多体节组成，每一节上均长有步足，故为多足生物。它们行动迅速，具攻击性。大多蜈蚣亦为夜行性生物，白天隐藏在阴暗处，晚上出外活动，以别的节肢动物为食。

鱼类软骨鱼纲动物

双髻鲨

以其头部的形状而得名，因为它的头部有左右两个突起。每个突起上各有一只眼睛和一个鼻孔，两只眼睛相距一米。眼睛的分布对它观察周围情况非常有利，可以看到周围360度范围

内发生的情况。它们是海洋中贪婪的掠食者，不过，如果你不用鱼叉向它挑衅，双髻鲨一般是不会伤人的。

鲸鲨

海洋中的庞然大物，号称"海中狼"。它在水中的游速奇快，像闪电般一划而过。最敏锐的器官是嗅觉，它们能闻出数千米外的血液等极细微的物质，并追踪出来源。它们还具有第六感——感电力，借着这种能力察觉物体四周数尺的微弱电场。它们还可借着机械性的感受作用，感觉到200米外的鱼类或动物所造成的震动。

鳐鱼

身体呈圆形或菱形，胸鳍宽大，由吻端扩伸到细长的尾根部，有些种类具有尖吻，由颅部突出的喙软骨形成。其身体单色或具有花纹，多数种类脊部有硬刺或棘状结构，有些尾部内有发电能力不强的发电器官。电鳐最大的个体可以达到2米，很少有在0.3米以下的。电鳐栖居在海底，一对小眼长在背侧面前方的中间。在头胸部的腹面两侧各有一个肾脏形蜂窝状的发电器。

电鳗

行动迟缓，栖息于缓流的淡水中，并不时上浮水面，进行

呼吸。其体长，呈圆柱形，身长可达2.75米，重22千克。它是放电能力最强的淡水鱼类，输出的电压有时甚至可达800伏，足可以使人致死。在水中3米至6米范围内，常有人触及电鳗放出的电而被击昏，甚至因此跌入水中而被淹死，因此其有水中的"高压线"之称。

拓 展 阅 读

　　游速最快的鱼：旗鱼平时速度每小时90千米，短距离的时速约110千米。在吉尼斯世界纪录中，旗鱼速度最快达每小时190千米。海豚是游泳能手，时速60多千米，但是，它却没有旗鱼游得快。

鱼类硬骨鱼纲动物

肺鱼

　　古代时曾在地球上大量繁殖，现在仍有少数保存着的种族遗留下来，可以说是一种"活化石"。其身体上披着瓦状的鳞，背鳍、臀鳍和尾鳍有坚硬的骨骼，并且身体内部还长有鱼鳔。鱼鳔在水中能像脚那样支撑身体，它的鳃很不发达，需要常常浮出水面用口吸气，利用分布着许多血管的单个的肺进行呼吸。不过，这种鱼还不能离开水面生活，非洲的肺鱼和南美洲的肺鱼则在它们栖息的河流完全干涸后还能够生存好几个月。当旱季来临时，这些肺鱼就钻进泥里并把自己包裹起来，只留下一至数个小孔与外界通气，以使自己能够进行呼吸，与澳洲肺鱼不同的是，这两种肺鱼都有一对肺。

石斑鱼

口大，牙细尖，有的扩大成犬牙。体色变异甚多，常呈褐色或红色，并具条纹和斑点。石斑鱼雄雌同体，具有性转换特征，首次性成熟时全系雌性，次年再转换成雄性，因此，雄性明显少于雌性。石斑鱼营养丰富，素有"海鸡肉"之称。被港澳地区推为我国四大名鱼之一，是高档筵席必备之佳肴。

孔雀鱼

由于孔雀鱼对环境的适应能力十分强韧，所以目前全世界几乎到处都能见到它的行踪，备受热带淡水鱼饲养族的青睐。其雌、雄鱼差别明显，雄鱼的大小只有雌鱼的一半左右，雄鱼体色丰富多彩，尾部形状千姿百态。

海鳝

海鳝是海底的隐居者，它们在礁石的洞中或海底的凹地中过着隐居生活。它有着宽大而尖锐的牙齿，以适应捕食无脊椎动物和小鱼的需要。裸胸鳝的样子像蛇，通常具有鲜艳的体色或斑纹，身体呈筋肉质，没有鳞，它们通常傍晚出来觅食，平时行动迟缓，但只要有鱼进入其捕捉范围，就以敏捷的动作，将鱼抓

住。海鳝受侵扰时才会攻击人类，此时可变得十分凶恶。

海马

因其头部酷似马头而得名，是浅海生活的一种小鱼类。体长只有0.1米至0.2米，其尾部构造和功能与其他鱼类迥异，具有卷曲能力，使尾端得以缠附在海藻的茎枝上，故海马多栖息在深海藻类繁茂之处。游泳的姿态也很特别，头部向上，体稍斜直立于水中，完全依靠背鳍和胸鳍来进行运动，扇形的背鳍起着波动推进的作用。它的嘴是尖尖的管形，口不能张合，因此只能吸食水中的小动物。它的一双眼睛，可以分别地各自向上下、左右或前后转动，本身的身体不用转动，只用伶俐的眼睛就可以向各方观看。

蝴蝶鱼

生活在五光十色的珊瑚礁礁盘中，适应环境的本领极强。

其艳丽的体色可随周围环境的改变而改变，它们体表有大量色素细胞，在神经系统的控制下，可以展开或收缩，它们改变一次体色只要几分钟，有的仅需几秒钟。它们成双成对在珊瑚礁中游弋、戏耍，总是形影不离，当一尾进行摄食时，另一尾就在其周围警戒。

鲳鱼

又名平鱼、银鲳、镜鱼。是一种身体扁平的海鱼，因其刺少肉嫩，故很受人们喜爱。它同样具有海洋鱼的营养特点：富含高蛋白、不饱和脂肪酸和多种微量元素。体短而高，极侧扁，略呈

菱形。头较小，吻圆，口小，牙细。成鱼腹鳍消失，尾鳍分叉颇深，下叶较长。体银白色，上部微呈青灰色，为近海中下层鱼类。常栖息于水深30米至70米潮流缓慢海区内，以小鱼、水母、硅藻等为食。有季节性洄游现象，生殖期为五六月。

胭脂鱼

又名黄排、燕雀鱼、火排、中国帆鳍吸鱼等，生长于长江水系。其体型奇特，色彩鲜明，尤其幼鱼体型别致，色彩绚丽，游动文静，被人们荣称为"一帆风顺"，在东南亚享有"亚洲美人鱼"的美称。它们生活在湖泊、河流中，幼体与成体，形态各异，生境及生物学习性不尽相同。幼鱼喜集群于水流较缓的砾石间，多活动于水体上层，亚成体则在中下层，成

体喜在江河的敞水区，其行动迅速敏捷。成年胭脂鱼体长最长能达到一米，由于其生长缓慢，在封闭的环境中可以活到25岁。

大马哈鱼

又叫鲑鱼，素以肉质鲜美、营养丰富著称于世，历来被人们视为名贵鱼类。我国黑龙江畔盛产大马哈鱼，是大马哈鱼之乡。其身体长而侧扁，吻端突出，形似鸟喙。口大，内生尖锐的齿，是凶猛的食肉鱼类。它们在海里生活4年之后，到每年八九月间性成熟时，成群结队地从外海游向近海，进入江河，涉途几千里回到黑龙江。其经过长途跋涉，并且在洄游时不摄食，依靠体内储存的营养物质维持生命，因而经过长途旅行，忍饥挨饿和生殖期间体力的消耗，大多数鱼瘦弱而多伤病，尤

其是雄鱼，更是体力消耗殆尽。

热带鱼

实际上是养鱼爱好者为区别于其他观赏鱼类，将热带、亚热带等地特有的这部分观赏鱼类统称为热带鱼。它们生活在江河、溪流、湖沼等淡水水域中。热带鱼的老家，主要在东南亚、中美洲、南美洲和非洲等地，其中，以南美洲的亚马孙河水系出产的种类最多、形态最美，如被誉为"热带鱼中的皇后"神仙鱼。

飞鱼

长相奇特，胸鳍发达，像鸟类的翅膀一样。长长的胸鳍一直延伸到尾部，整个身体像织布的"长梭"。它凭借自己流线型的优美体型，在海中以每秒10米的速度高速运动。它能够跃出水面10多米高，空中停留的最长时间达40多秒，飞行的最远距离达400多米。它的背部颜色和海水接近，经常在海水表面活动。在蓝色的海面上，飞鱼时隐时现，破浪前进的情景十分壮观，是海上一道亮丽的风景线。

食人鱼

俗名水虎鱼，最长的可达到0.4米。有尖利的牙齿，能够轻易咬断用钢造的鱼钩或是人的手指，非常凶猛，一旦发现猎物，往往群起而攻之。

　　它们可以在10分钟内将一只活牛吃得只剩一堆白骨。亚马孙河、圭亚那河、巴拉圭河等河流是食人鱼经常出没的场所。当地人用它们的牙齿来做工具和武器。食人鱼也通常用来比喻残忍不堪、灭绝人性的人。

拓 展 阅 读

　　目前地球上存活着三种肺鱼：澳洲肺鱼、南美洲肺鱼和非洲肺鱼。

　　速度最快的海洋动物：旗鱼。

　　最大的鲨鱼：鲸鲨，它生性温驯，不伤人。

两栖类无尾目动物

牛蛙

因鸣叫声洪亮酷似牛叫，故名牛蛙，为北美最大的蛙类。牛蛙体大粗壮，适应性强，食性广，天敌较少，寿命长，繁殖能力强，具有明显的竞争优势，易于入侵和扩散。其营养丰

富、蛋白质含量高，是名贵食品。其皮还可制革，内脏可制药，蛙油可制作高级润滑油。

树蛙

有"变色树蛙"之称，它能随着周围环境的变化，不断地改换体色，有时伪装得很像树叶，有时又变得像一颗果实。树蛙害怕光亮和陌生的环境。科学家们对一块在墨西哥发现的珍贵琥珀进行研究后发现，琥珀中完整保存的一只小树蛙是2500万年前的"超级元老"。

箭毒蛙

全球最美丽的青蛙，同时也是毒性最强的物种。其中毒性最强的体内的毒素完全可以杀死2万多只老鼠。主要分布于巴西、圭亚那、智利等热带雨林中，通身鲜明多彩，四肢布满鳞纹，以柠檬黄最为耀眼和突出。除了人类外，箭毒蛙几乎再没其他的敌人。箭毒蛙家族中的蓝宝石箭毒蛙具有非常高的毒性。它们足部没有蹼边，不能在水中游动，因此不会出现在水环境中。

东方铃蟾

体形中等，背部皮肤粗糙。成体受到惊扰时则举起前肢，

头和后腿拱起过背，形成弓形，腹部呈现出醒目的色彩，以示警戒，德国人称它为警蛙。这是自然界中动物的自我保护的方法之一。分布于我国黑龙江、吉林、辽宁、河北和山东等地，也产于朝鲜和日本。

拓 展 阅 读

不合理蛙：这种蛙的蝌蚪在变成蛙的过程中，不仅没有长大，相反却变小了，从全长0.25米的蝌蚪，变成不超过0.07米的一个蛙，面目全非，因此被称之为"不合理蛙"。

爬行类有鳞目动物

蜥蜴

蜥蜴俗称四足蛇，有人叫它"蛇舅母"，是一种常见的爬行动物。蜥蜴与蛇有密切的亲缘关系，两者有许多相似的地方，如周身覆盖以表皮衍生的角质鳞片，泄殖肛孔都是一横裂，雄性都有一对交接器，都是卵生。方骨可以活动，多数蜥蜴以昆虫为食，偶食家禽，其牙尖锐，有3个牙尖。

龙蜥

体侧扁，常有鬣鳞，背鳞大小不一，肩前方常有斜行的褶，褶部色深，被细鳞。主要分布于喜马拉雅山、琉球群岛、印度尼西亚、我国的横断山脉等地。龙蜥栖息于海拔300米至3500米的山区或山间盆地的公路旁、坡坎上、灌丛下、河边乱石堆中、林间空地、荒坡枯草间或菜地边和老墙上。

斑点楔齿蜥

曾广泛分布在新西兰本岛及其周围的小岛上，它的长相类似于2亿年前的古爬行动物，四肢发达，颈部和背部长有鳞片壮嵴。斑点楔齿蜥的名称虽然带有"蜥"字，其实并不是蜥蜴，两者明显区别在于斑点楔齿蜥具有第三眼睑，两眼之间还有一个类似于松果状的眼，其功能不甚明了。

海鬣蜥

在厄瓜多尔加拉帕戈斯群岛的海岸上，栖息着一种外貌像史前动物的爬行动物，乍一看它们，那古怪的样子着实令人生畏，有人把它们称作"龙"，其实并不是龙，而是海鬣蜥。海鬣蜥是世界上唯一能适应海洋生活的鬣蜥，它们和鱼类一样，能在海里自由自在地游弋。它们喝海水，吃海藻及其他水生植物。体长1.5米左右，头上长着坚韧的肉刺，身披盔甲状的鳞片，背上有一条隆起的角刺，粗长的尾和强有力的爪十分威武。它还是个游泳好手，能潜入海水中吃食，可以在水中逗留4小时左右。

巨蜥

共有30多种。成年巨蜥全长可达3米，其体温会随着白昼的改变而有所变化。巨蜥约3岁性成熟，卵靠太阳照射及地温孵化，幼蜥自己破壳而出后，先食易捕的昆虫、蚯蚓等，入冬

而眠，来春蜕皮，寿命可长达80年。巨蜥性好斗，较凶猛，遇到危险时，常以强有力的尾巴作为武器抽打对方。巨蜥在遇到敌害时有许多不同的表现，如立刻爬到树上，用爪子抓树，发出噪声威吓对方；一边鼓起脖子，使身体变得粗壮，一边发出"嘶嘶"的声音，吐出长长的舌头，恐吓对方；把吞吃不久的食物喷射出来引诱对方，自己趁机逃走等。

沙虎

典型的夜行性动物，白天躲藏在自己挖的深达0.8米的地洞中，卵生，为穴居地栖性蜥蜴。一旦受到干扰，会将身体举高并发出"嘶嘶"的叫声，随时准备反咬回击，还会以如同蛇行的动作慢慢摆动尾巴，使尾巴的大鳞片互相摩擦发出声音。身体背部为黄褐色或淡褐色，上面并缀有不明显的深色带纹色或条纹，腹部为白色。

沙虎还有自截与再生的能力，遇敌害时尾部可断为数截，然后趁机溜走，以后又可再生出一条短尾。

睑虎

有像豹纹般花色并具有眼睑的壁虎，白天的瞳孔呈一直线，到了夜晚才变大，眼睛两侧有明显的外耳孔。背部有花纹，腹部白色，正常的个体有与身体一样粗壮的膨大尾部，是储存脂肪的重要部位。全体扁片状，头颈部和躯干部长约0.12米，头颈约占身长的1/3，背腹宽约0.07米，尾长约0.11米。

其分布于非洲、亚洲和中北美洲，攀附能力要弱于多数壁虎。

变色树蜥

变色树蜥全长可达0.40米，但尾巴约占身长的2/3。鳞片十分粗糙，背部有一列像鸡冠的脊突，所以又叫鸡冠蛇。其独特的外型令它易于辨认。

　　生活在稀疏山林、灌木丛、草地及村庄周围。其行动迅速，追捕食物时常攀缘上树，夏季晚上常用四肢抓握树枝，将身体倒挂在树上睡眠或隐藏在洞穴中。主要以昆虫、蜘蛛等为食。分布于我国云南、广西、广东和海南等地。

脆蛇蜥

　　别名"脆蛇"或"地鳝"。生活在山区潮湿的竹林、草丛和岩石缝隙间，多属穴居。其四肢退化，外形似蛇，体内残留有肢带骨，并且背、

腹鳞片均为长方形。有活动的眼睑，背部棕色，腹面稍浅，略有金属光泽，以蜗牛、蛤蝓、蚯蚓和昆虫的幼虫为食。分布于我国四川、云南、贵州等地。脆蛇具有自截与再生的能力，遇敌害时尾部可断为数截，然后趁机溜走，以后又可再生出一条短尾。

长鬣蜥

头呈三角形，头体长0.16米至0.22米，尾长约为头体长的两倍。背正中有一侧扁而直立的鬣鳞，背面绿色，腹面淡绿色，四肢棕色，卵生。生活于林间、沙地或居于洞穴中，常在林间或地面上攀爬，行动敏捷，也能在水中游泳。主要捕食昆虫和小鱼等，分布于我国云南、广西和广东等地。长鬣蜥已被列为云南省的珍稀保护动物，同时还被列入国家林业局2000年8月1日发布的《国家保护的有益的或者有重要经济、科学研究价值

的陆生野生动物名录》。

鳄蜥

别名"雷公蛇"，爬行动物中比较古老的一类，体长0.15米至0.3米，尾长0.23米左右，体重50克至100克，身体可以分为头部、颈部、躯干部、四肢、尾5个部分。头部较高，头部和体形与蜥蜴相似，颈部以下的部分，特别是侧扁的尾巴，既有棱嵴状的鳞片，又有许多黑色的宽横纹，则又很像扬子鳄，所以被称为鳄蜥。它们生性胆小，稍有惊动，立即跃入水中，因此，又叫"落水狗"。鳄蜥天生不爱活动，当地人喜欢称之为"大睡蛇"，它们可以一个月不吃不喝而不影响生存。

过树蛇

因常居树上，其体色又似藤本植物之茎，故又名藤蛇。头较大，颈细，眼大，两颊下凹。颈背暗色，颈侧蓝灰色。头腹及腹侧浅棕褐色，腹面有侧棱，两棱之间色浅。背面棕色或深棕色，颈后长有部分蓝、棕各半的鳞片，无毒。生活于热带和

亚热带的平原和山区，常栖息于树上，用身体缠绕在树干或树枝上，分布于我国云南、广西、广东和海南。

眼镜蛇

眼镜蛇科包括世界上大部分地区的有毒蛇，将近250类，这一蛇科的蛇在它们的嘴前部全都有一对固定的有毒锯齿。眼镜蛇的名字应该是近代眼镜出现后才成为正式名称的。因其颈部扩张时，背部会呈现一对美丽的黑白斑，看似眼镜，因此得名。眼镜蛇的天敌包括灰獴和一些猛禽，獴直接嚼食眼镜蛇头部，搏斗过程中眼镜蛇也会咬到獴，獴会在昏厥数小时后自行排毒，小部分也会被眼镜蛇吞噬。

响尾蛇

一种管牙类毒蛇，蛇毒是血循毒。它们一般体长1.5米至2米。体呈黄绿色，背部具有菱形黑褐斑。尾部末端具有一串角质环，为多次蜕皮后的残存物，当遇到敌害或急剧活动时，会迅速摆动尾部的尾环，速度很快，每秒钟可摆动40次至60次，而且能长时间发出响亮的声音，致使敌害不敢接近，因此称为响尾蛇。它发出的最响声音，在30米以外也能听见。喜欢吃鼠类和野兔，也吃小鸟、蜥蜴和其他蛇类。响尾蛇奇毒无比，足以将被咬噬之人置于死地。死后的响尾蛇也一样有危险，美国的研究资料指出，响尾蛇即使在死后一小时内，仍可以弹起施袭。

蝰蛇

它们的骨骼上连着长长的锯齿，这样的锯齿在不用时能够折叠起来。它们能够自如地控制其毒牙的运动，有巨大的毒腺，这些巨大的毒腺使得它们的头部呈宽阔的三角形。它们的消化系统非常强劲，有些在吞食的同时就开始消化，还会把骨头吐出来的。蝰蛇的消化要靠在地上爬行，利用肚皮和不平整的地面的摩擦来消化食物。

077

赤链蛇

又称火赤链，为无毒蛇，全长约1米，体背黑褐色。因具有60条以上的红色窄横纹而得名。栖息于平原、丘陵和山区，常见于田野、山坡、路旁、竹林、村舍和水域附近，有时进入住宅内。常蜷曲成团，伏于草堆下。多在傍晚活动，以鱼、蛙、蟾蜍、蜥蜴、蛇、鸟等为食。它的食欲旺盛，每隔七八天便要摄食一次。每次可吞食两三条小杂鱼，多者可达5条。在吞食过程中，可能会出现相互咬伤现象，在食物缺乏时尤为明显。

拓 展 阅 读

毒性最强的蛇：海蛇，其毒性为氰化物的80倍。

最原始的爬行动物：斑点楔齿蜥。

最小的爬行类动物：雅拉瓜壁虎。

鸟类企鹅总目动物

冠企鹅

体长0.5米至0.6米，重2千克至3千克。明亮的黄色羽毛冠从其头部的两侧耷拉下来，就像两道下垂的眉毛。走路方式是双脚往前跳，是所有企鹅中的攀越能手。它们是一种非常烦躁不安的企鹅，经常迅速攻击对它们有威胁的任何人或物。

079

王企鹅

体长近1米,体重15千克至16千克,颈侧有一明显的橘黄色斑块。其虽然步行摇摇摆摆很笨拙,但遇到敌害时,可以将腹部贴于冰面,以双翅快速滑雪,后肢蹬行,速度很快。前肢发育成为鳍脚,适于划水。小王企鹅在成长过程中会长出一身褐色羽毛,还会长出一层厚厚的脂肪,在冬季里可以保暖。

潜鸟

几乎全为水栖性,能在水下游很长距离。一般独栖或成对

生活，但黑喉潜鸟成群越冬或迁徙。潜鸟鸣声很有特色，包括喉声和怪异的悲鸣声，因此在北美被称为"笨鸟"。食物主要是鱼、甲壳类和昆虫。常在水边堆积植物做巢，每窝产卵两枚，卵有斑点，呈橄榄褐色，双亲分担孵卵工作。其腿部粗壮，脚趾上有很大的脚蹼，有又长又尖的嘴巴，很适合捕食小鱼虾。

巴布亚企鹅

又名金图企鹅，体形较大，身长0.6米至0.8米，重约6千

克。眼睛上方有一个明显的白斑，嘴细长，嘴角呈红色，眼角处有一个红色的三角形，显得眉清目秀。因其模样憨态有趣，有如绅士一般，十分可爱，因而俗称"绅士企鹅"。

拓展阅读

小鳍脚企鹅：又叫仙企鹅、蓝企鹅，分布于澳大利亚至新西兰一带，其中澳大利亚菲利浦岛的小鳍脚企鹅每年在九、十月晚间8时5分准时登陆，成为一大奇观。

鸟类突胸总目动物

孔雀

　　能够自然开屏的只能是雄孔雀，所以孔雀中以雄性较美丽，而雌性却其貌不扬。春天，雄孔雀就展开它那五彩缤纷、色泽艳丽的尾屏，还不停地做出各种各样优美的舞蹈动作，以此吸引雌孔雀。待到它求偶成功之后，便与雌孔雀一起产卵育雏。

鸳鸯

在人们心目中，鸳鸯是永恒爱情的象征，是一夫一妻、白头偕老的表率。人们甚至认为鸳鸯一旦结为配偶，便相伴终生，即使一方不幸死亡，另一方也不再寻觅新的配偶。事实上，鸳鸯在生活中并非总是成对生活的，配偶更非终生不变，在鸳鸯的群体中，雌鸟也多于雄鸟。

苍鹭

大型水边鸟类，头、颈、脚和嘴均甚长，因而身体显得细瘦。通常在南方繁殖的种群不迁徙，为留鸟，在东北等寒冷地方繁殖的种群冬季都要迁到南方越冬。觅食最为活跃的时间是清晨和傍晚，它们会独自站在水边浅水中，一动不动长时间地站在那里等候过往鱼群，一见鱼类或其他水生动物到来，立刻

伸颈啄之，行动极为灵活敏捷。有时会站在一个地方等候食物长达数小时之久，故有"长脖老等"之称。

罗纹鸭

雄性头顶至后颈暗栗色，额上有一块白斑，眼周围至颈暗绿色，并具金属光泽。颈下部白色，有黑领，翅上飞羽长而卷成镰刀状，翼镜暗绿色，下体白色，具褐色细密横斑。雌性上体棕褐色，羽缘淡色，布满黑斑。它们营巢于植物繁茂的沼泽地或河流附近，每次产卵6枚至12枚，分布全国各地。

火烈鸟

因全身火红色而得名。这种外形美丽的鸟类能够飞行，起飞前得狂奔一阵以获得起飞时所需的动力，迁徙中的火烈鸟每晚可以50千米至60千米的时速飞行600千米左右。在非洲的小火烈鸟群是当今世界上最大的鸟群。它们不是严格的候鸟，只在食物短缺和环境突变的时候迁徙，迁徙一般在晚上进行。

鸭

鸭的口叉深，食道大，能吞食较大的食团。鸭舌边缘分布有许多细小乳头，这些乳头与嘴板交错，具有过滤作用，使鸭能在水中捕捉到小鱼虾，并且有助于鸭对采食的饲料适当磨碎。鸭的肌胃发达，内压很高，消化力也强，肌胃内经常贮存有砂砾帮助消化。鸭子多在后半夜产蛋，一般从半夜1时左右开

始，到三四时最多。春季和夏季产蛋时间较早，产蛋集中，冬季较迟，产蛋时间拖得较长。此外，产蛋窝对于鸭子产蛋有很大的影响。在冬季缺少垫草做窝，或者垫草潮湿，即使饲养条件很好，也会影响产蛋。

鹈鹕

模样看上去有点像天鹅，但嘴巴却像一把尖嘴钳，并且有大大的喉囊，是用来兜捕和暂时贮存猎物的工具，它的"大口袋"能伸能缩，平时缩在里面。它们身披白色羽毛，宽大的翅膀上点缀着黑色条纹，四趾有蹼，有利于划水。喜欢群居，栖息于沿海、沼泽，以鱼类为食。

鸬鹚

也称水老鸦、鱼鹰。身体比鸭狭长，体羽为金属黑色，善潜水捕鱼，飞行时直线前进。体形较鹈鹕小，嘴狭长呈圆形，尖端带钩，有喉囊，常群栖于湖泊、沼泽和海滨等处。用树枝、杂草等材料筑巢，每次产卵三四枚，雌雄性共同孵卵。我国南方多饲养来帮助捕鱼。除南北极外，几乎遍布全球。该鸟可驯养捕鱼，我国古代就已驯养利用，为常见的笼养和散养鸟类。野生鸬鹚分布于全国各地，繁殖于东北、内蒙古、青海及新疆西部等地。

白鹳

一种无声的大型鸟类。它们在很高的高空飞翔，显得强健而有力。与其他鹳鸟类似，其腿、颈和喙都非常细长。羽毛主要为白色，翅膀处具黑羽。在欧洲、亚洲和非洲的许多地方常见到。嗓子喑哑，雄鸟在求婚时，就用上下喙当做响板，发出响亮的"哒哒"声，表示对雌鸟的欢迎，声音能够传到250米以外。远处的雌鸟闻声赶来，马上落进巢里并以"嗬啾"之声表示喜悦。它们的翅膀长并且宽，可滑翔。飞行时脖子向前伸，腿向后伸，超出其尾尖。已知最长寿的白鹳存活了39年，圈养的白鹳的寿命可超过35年。白鹳一夫一妻制，但非终生。

丹顶鹤

因头顶有"红肉冠"而得名。它是我国东北地区所特有的鸟种，因体态优雅、颜色分明，在这一地区的文化中具有吉祥、忠贞、长寿的寓意，并且是国家一级保护动物。丹顶鹤具备鹤类的特征，嘴长、颈长、腿长。成鸟除颈部和飞羽后端为黑色外，全身洁白，头顶皮肤裸露，呈鲜红色。传说中的剧毒鹤顶红正是此处，但纯属谣传，鹤血是没有毒的，鹤顶红是古时候对砒霜隐晦的说法。

赤颈鹤

鹤类中体形最大的，体长为1.4米至1.52米，体重12千克左右。头部和颈部裸露，颜色为鲜红色，嘴的基部有一个灰白色的羽斑。眼圈有少许黑色的羽毛，颈的基部有时有一个白色的颈环紧邻裸露的上颈部。赤颈鹤为留鸟，栖息于开阔平原草地、沼泽、湖边浅滩，以及林缘灌丛沼泽地带，有时也出现在农田地带。常单独或成对和成家族群活动，性胆小而机警。主

要以鱼、蛙、虾、蜥蜴、谷粒和水生植物为食，叫声响亮而持久，叫时颈伸直，嘴朝向天空。

猫头鹰

其视觉敏锐，在漆黑的夜晚，视力比人高出100倍。和其他的鸟类不同，猫头鹰的卵是逐个孵化的，产下第一枚卵后，便开始孵化。猫头鹰是恒温动物。绝大多数是夜行性动物，昼伏夜出，白天隐匿于树丛岩穴或屋檐中，不易见到，但也有部分种类，如斑头鸺鹠、纵纹腹小鸮和雕鸮等白天常外出活动。一贯夜行的种类，一旦在白天活动，常飞行颠簸不定，像喝醉了酒一样。猫头鹰是色盲，但是唯一能分辨蓝色的鸟类。

仓鸮

面盘扁平，呈心脏形，白色或灰棕色，四周有暗栗色边缘，似猴脸，长满绒毛，一双深圆大眼，嘴黄褐色，嘴喙不尖，鹰身鹰爪，故俗名"猴面鹰"。栖息于开阔的原野、低山、丘陵以及农田、城镇和村屯附近森林中。只在夜晚活动，白天则处在睡眠状态，在白天眼睛也几乎看不见东西，善飞翔，栖息于山麓草灌丛中。主要以鼠类和野兔为食，有时也猎杀小中型鸟类，或以蛙、蛇、鸟卵等为食。

鹦鹉

以其美丽无比的羽毛、善学人语技能的特点，为人们所欣赏和钟爱。主要生活于低地热带森林，也常飞至果园、农田和空旷草场地中。分布于山地的鹦鹉种类较少，如巴布亚吸蜜鹦鹉、约翰氏吸蜜鹦鹉、国内的大绯胸鹦鹉等。曾有人观察过饲养下的10多种鹦鹉在取食中使用左、右脚的频率，发现超过72%的个体多倾向于用左脚抓食。

金刚鹦鹉

产于美洲热带地区，是色彩最漂亮，体型最大的鹦鹉之一。原生地是森林，特别是墨西哥及中南美洲的雨林，在河岸的树上和崖洞里筑巢。比较容易接受人的训练，和其他种类的鹦鹉能够友好相处，但也会咬其他动物和陌生人。寿命最长可

达80年。金刚鹦鹉也被称作是大力士，主要是因为它们强有力的啄击。在亚马孙森林中有许多棕树结着硕大的果实，这些果实的种皮通常极其坚硬，人用锤子也很难轻易砸开，而金刚鹦鹉却能轻巧地用啄将果实的外皮弄开，吃到里面的种子。金刚鹦鹉还有一个功夫，即百毒不侵，这源于它所吃的泥土中含有特别的矿物质，从而使它们百毒无忌。

鸡尾鹦鹉

在香港和台湾地区多称玄凤鹦鹉，是世界上最常见的中型鹦鹉之一。野生种群产自澳洲，繁殖数量多使得它们相当的普遍，饲养的幼鸟十分活泼，喜爱亲近主人。较常见的是灰色、白色等品种。它们在全世界的总数量超过100万只，而且数量仍在继续增长中，其族群十分稳定并且安全。大多数鸡尾鹦鹉都很爱洗澡。野生鸡尾鹦鹉喜欢在地上找食吃，通常吃种子、草、树叶和树皮。此外，野生的鸡尾鹦鹉还吃其他不同的昆虫。

绿啄木鸟

所有啄木鸟中最常见、

最普通的一种。雄鸟前头有红斑，雌鸟没有。绿啄木鸟落到地上的时候比别的啄木鸟要多些，特别是在蚁巢附近，这是它在等候着蚂蚁过路。蚂蚁总是惯于开一条小路，一个跟一个地向前爬着，它就把它的长舌头平放在那条小路里，当它感觉到舌头上爬满了蚂蚁的时候，就缩回舌头，把蚂蚁吞下去。寒冷的时候，它就跑到蚁巢上面，用爪和嘴把它扒开，蹲到它所造成的缺口当中，从从容容地吃着蚂蚁，连它们的幼虫也都吞食下去。

斑啄木鸟

著名的森林益鸟，除消灭树皮下的害虫如天牛幼虫等，其凿木的痕迹可作为森林卫生采伐的指示剂，因而被称为森林医生。多数为留鸟，少数种类有迁徙的习性。大多数终生都在树林中度过，在树干上螺旋式地攀缘搜寻昆虫。只有少数在地上觅食的种类能像雀形目鸟类一样栖息在横枝上。多数以昆虫为

食，但有些种类食果实。雄啄木鸟在求爱时，会用自己坚硬的嘴在空心树干上有节奏地敲打，发出清脆的"笃笃"声，像是拍发电报，迫不及待地向雌鸟倾诉爱的心声。

灰雁

除繁殖期外成群活动，群通常由数十、数百甚至上千只组成，特别是迁徙期间，飞行时常排列成"人"字形。在地上行走灵活，行动敏捷，休息时常用一只脚站立。其游泳、潜水均好，行动极为谨慎小心，警惕性很高，特别是成群在一起觅食和休息的时候，常有一只或数只灰雁担当警卫。警卫不吃、不睡，警惕地伸长脖子，观察着四方，一旦发现敌害临近，它们首先起飞，然后其他成员跟着飞走。它们为一夫一妻制，雌雄共同参与雏鸟的养育。

信天翁

它们是最善于滑翔的鸟类之一。有风的时候一连几个小时停留在高空，那副又长又窄的翅膀可以一动也 不动；没风的时候，它们浮在水面上。食物主要是鱿鱼，有时它们也跟随船，吃一些从船上抛下来的食物。信天翁属于寿命比较长的鸟类，平均可存活30年。信天翁求爱时，嘴里不停地唱着"咕咕"的歌，同时非常有绅士风度地向"心上人" 不停地弯腰鞠躬，尤其喜欢把喙伸向空中，以便向它们的爱侣展示其优美的曲线。

麻雀

麻雀形不惊人，貌不压人，声不迷人。在以谷物为主要作物的粮食生产区域，麻雀的确能从人们那儿抢走很多的粮食，因此从这个意义上说它们是害鸟也不为过。但我们也应该看到，麻雀对有害昆虫的控制起到了非常大的作用，在麻雀多的地区，特别是鳞翅目害虫的数量明显要少于其他地

区，这方面它们对农业生产作出了不小的贡献。其性极活泼，胆大易近人，但警惕却非常高，好奇心较强。

燕鸥

它是动物中的"飞远冠军"，可以不费力地从南极洲飞到遥远的北极洲地区，行程17600多千米。大部分燕鸥都会潜水捕鱼，并会先悬停一时，很少会滑翔，只有少数种类，如乌燕鸥会在海面上空翱翔。除了洗澡外，它们很少游泳。筑巢于水域岸边的沙坑中，每次产卵二至三枚，卵呈淡灰色或淡黄色。它们通常成小群栖息于海岸和内陆河流、湖泊等处，以小型鱼类、虾、水生昆虫等为食，分布于我国大部分地区。

翠鸟

体型大多数矮小短胖，只有麻雀大小，自额至颈蓝黑色，密杂以翠蓝横斑，背部辉翠蓝色，腹部栗棕色，头顶有浅色横斑，嘴和脚均赤红色，从远处看很像啄木鸟。因背和面部的羽毛翠蓝发亮，因而通称翠鸟。我国的翠鸟有3种：斑头翠鸟、蓝耳翠鸟和普通翠鸟。最后一种常见，分布也广。翠鸟常直挺地停息在近水的低枝或岩石上，伺机捕食鱼虾等，因而又有"鱼虎"、"鱼狗"之称。

大贼鸥

听其名，就会知道它大概不是什么好东西，尽管它的长相并不十分难看，褐色洁净的羽毛，黑得发亮的粗嘴喙，目光炯

炯有神，圆眼睛，但其惯于偷盗抢劫，给人一种讨厌之感。它们主要靠掠夺其他海鸟的食物为食，还掠夺其他鸟类的巢，是名副其实的鸟类盗贼。

拓展阅读

世界上最小的鸟：闪绿蜂鸟，也称短尾翠蜂鸟，大小和蜜蜂差不多，只有0.035米长，体重只有1.5克左右。

世界上最大的飞禽：南美秃鹫，体长130厘米，体重达10千克，翼展可超过3米。

哺乳类原兽亚纲动物

原针鼹

别名三趾针鼹，极善于挖掘洞穴，有高超的挖洞技巧，数分钟内就能在坚硬的土地上挖掘出一个洞穴，将自己隐藏其中。对消灭树木害虫有很重要的作用，在世界各地的动物园中也是很受欢迎的观赏动物。其寿命可达30多年，据说最长为50年。

袋鼠

不同种类的袋鼠在澳大利亚各种不同的自然环境中生活，从凉性气候的雨林和沙漠平原到热带地区。所有的袋鼠，不管体积多大，都有一个共同点，即长长的后腿强健而有力。袋鼠以跳代跑，最高可跳至4米，最远可跳至13米，是跳得最高、最远的哺乳动物。所有雌性袋鼠都长有前开的育儿袋，育儿袋里有4个乳头。

大赤袋鼠

最大的有袋动物，也是袋鼠类的代表种类，堪称现代有袋类动物之王。大赤袋鼠的形体似老鼠，仿佛一只特大的巨鼠。其体长1.3米至1.5米，头小，眼大，耳长。适应于跳跃的生活方式，前肢短小而瘦弱，可以用来掠取食物。后肢强大，趾有合并现象，时速可达40千米至65千米。尾长大，为栖息时的支撑

器官和跳跃时的平衡器。它胆小而机警，视觉、听觉、嗅觉都很灵敏。稍有声响，就会溜之大吉。

岩袋鼠

它的形态和大赤袋鼠、大灰袋鼠相似，但其体型较小，体长0.9米至1.2米，尾长0.7米至0.9米，体重为60千克至70千克，腿、足较短并且粗。岩袋鼠主要生活于多岩石的干旱的丘陵山区。生活习性与大赤袋鼠、大灰袋鼠相似。只是它们的食物比较粗糙，除树叶、草、根茎外，还经常 吃一些较硬的多刺植物。而且它们有较强的耐渴能力，这是在干旱环境中形成的生活习性。岩袋鼠产于澳大利亚东部、西部和北部。是动物园中的观赏动物之一。

袋獾

特色在于黑色的皮毛、遭遇压力时发出的臭味、非常大声并刺耳的尖叫以及进食时的丑态。袋獾以它那独特的嚎叫声和暴躁的脾气著称于世，被称为"塔斯马尼亚的恶魔"。袋獾是世界上哺乳动物中最凶猛的咬人动物，一只6千克重的袋獾能够杀死30千克重的袋熊。

树袋熊

只在生病和干旱的时候喝水。每天18个小时处于睡眠状态。白天，它们通常将身子蜷作一团栖息在桉树上，晚间才外出活动，沿着树枝爬上爬下，寻找桉叶充饥。它胃口虽大，却很挑食，一只成年树袋熊每天能吃掉1千克左右的桉树叶。小树袋熊常常趴在妈妈背上，它们天生胆小，一受到惊吓就连哭带叫，声音好像刚出生不久的婴儿。

袋貂

以植食为主食的较大型树栖动物，主要分布于新几内亚和印度尼西亚东部岛屿，最远可以到达苏拉威西岛，在那里，袋貂和猴子成为竞争者。扫尾袋貂是澳洲最常见的哺乳动物之一，主要分布于澳洲沿海地区，适应力比较强，现在被引进新西兰，因没有天敌而大量繁

殖，成为当地生态环境的破坏者。

负鼠

大多数具有能缠绕的长尾，少数种类尾短而具厚毛。小的有老鼠那么大，最大的也不过像猫一样大。其性情温顺，常常夜间外出，喜欢生活在树上。它行动十分小心，常常先用后脚钩住树枝，站稳之后再考虑下一步动作。如果发现树下有入侵者，它并不马上逃跑，而是用前肢紧紧地握住树枝，并张大两只眼睛，注视着入侵者的一举一动，然后再决定对策。

拓展阅读

最早的哺乳动物化石：是发现在我国的吴氏巨颅兽，它生活在2亿年前的侏罗纪。从化石上看，哺乳动物与爬行动物非常重要的区别在于其牙齿。爬行动物的每颗牙齿都是相同的，而哺乳动物的牙齿按它们在颌上的不同位置分化成不同的形态。

哺乳类真兽亚纲动物

鼠

家鼠与人类关系密切，经常遭受人类打击，故鼠字头顶着一个"臼"，意为"屡遭打击，总是击而不破，打而不尽"。其实鼠对人类贡献也很大，仅是从褐家鼠和小家鼠白化变异而来的大、小白鼠，作为科学和医药方面的实验动物，每年的使用量就高达几千万只。

猪

不在吃睡的地方排粪尿，这是祖先遗留下来的本性，因为野猪不在窝边拉屎撒尿，以避免敌兽发现。猪的行为有的生来就有，如觅食、母猪哺乳和性的行为，有的则是后天发生的，如学会识别某些事物和听从人们指挥的行为等。后效行为是猪生后对新鲜事物的熟悉而逐渐建立起来的，它对吃、喝的记忆力极强。

羊

我国山羊饲养历史悠久，早在夏商时代就有养羊的文字记载。山羊具有繁殖率高、适应性强、易管理等特点，至今在我国广大农牧区广泛饲养。我国是世界上山羊品种资源最为丰富的国家。几千年来，劳动人民经过辛勤劳动和精心选择，培育出了近40个品质优良而又各具特色的山羊品种。现在全球已有150多个山羊品种，主要有以下类别：奶用山羊、毛用山羊、绒用山羊、毛皮山羊、肉用黑山羊和普通山羊等。

马

是在4000年前被人类驯服的。马的祖先始祖马最早生活在北美的森林里，以嫩叶为食。进化到中新世时出现草原古马，转为草原生活，从此马便开始以干草为食，生活于草原之上。始祖马、欧洲野马等种类的马由于人类活动范围的扩大、环境改变等原因已经灭绝，不少种类的马濒临灭绝。马睡觉不一定非在晚上，更不是一觉睡到大天亮。要是没人打搅它，它可以随时随地睡觉，站着、卧着、躺着都能睡觉。马打响鼻是为了排除鼻腔里的异物，保证呼吸道畅通，以利于准确鉴别食物，辨认道路与方向。

雪兔

眼睛很大，置于头的两侧，可以同时前视、后视、侧视和上视，真可谓眼观六路。唯一的缺欠是眼睛间的距离太大，要靠左右移动面部才能看清物体，在快速奔跑时，往往来不及转动面部，所以常常撞墙、撞树。雪兔几乎是所有猛兽和蛇类的猎捕对象，随时都有被捕食的危险。然而，它还是靠着一身随环境而变化的毛色，敏锐而警觉的感官和固有的御敌本领，顽强地生存了下来。

松鼠

温柔、可爱、乖巧、驯良，讨人喜爱，十分勤劳，干净、聪明、灵巧，不爱下水。它的耳朵和尾巴的毛特别长，睡觉时，会把尾巴当做棉被盖在身上。松鼠在茂密的树枝上筑巢，

或者利用其他鸟的废巢，有时也在树洞中做巢。它们使用像长钩的爪和尾巴倒吊在树枝。在黎明和傍晚，也会离开树上，到地面上捕食。在秋天觅得丰富的食物后，就会利用树洞或在地上挖洞，储存果实等食物，同时还以泥土或落叶堵住洞口。有时松鼠会在树上晒食物，不让它们变质霉烂。

长吻松鼠

又名"红嘴老鼠"。四肢略短，尾细长，尾毛短而蓬松，背毛呈灰褐色，腹毛为灰白色。长吻松鼠一般生活在密林中，习性与一般松鼠无多大差别，但并非完全树栖，常到地面、倒木及草堆觅食，早晨和晚上时最活跃。食性主要以摄食各种坚果，如松果、栗及浆果为主，也食各种树叶、嫩枝、花芽及鸟卵、雏鸟和昆虫等。每年可以繁殖两次，每次会产三四仔，以两仔居多。

红松鼠

分布在全世界大部分针叶林中，并且时常向南移入落叶林区。它们活泼好动，喜欢吵闹。其主食是针叶树种子，也吃一些嫩枝、幼芽和树叶及昆虫的幼虫、鸟蛋等。它们喜欢贮存食物，事实上，松鼠积存食物并非蓄意留作过冬用，它们总是健忘，忘了自己究竟存了多少食物，而且一到冬天，它们往往找不到自己的仓库，好在到处都是仓库，它们总可以有食物吃。它们的这种做法无意中起到了播种造林的功效。

刺猬

有非常长的鼻子，触觉与嗅觉很发达。最喜爱的食物是蚂蚁与白蚁。当它嗅到地下的食物时，会用爪挖出洞口，然后将它长而黏的舌头伸进洞内一转，即获得丰盛的一餐。住在灌木

丛内，会游泳，怕热。刺猬在秋末开始冬眠，直至第二年春季，气温暖到一定程度才醒来。它喜欢打呼噜，和人相似。刺猬除肚子外全身长有硬刺，遇到危险时会卷成一团变成有刺的球。它的形态温顺，非常可爱，有些品种只比手掌略大，因而有人将它当做宠物来养。

海豚

一种本领超群、聪明伶俐的海中哺乳动物。海豚是由陆生哺乳类演化而成的，它们约在5000万年前回到海中生活。其是在水面换气的海洋动物，每一次换气可在水下维持二三十分钟。当人们在海上看到海豚从水面上跃出时，这是海豚在换

气。同时，海豚的栖息地多为浅海，很少游入深海。它们会在不同的地方进行不同的活动，休息或游玩时，会聚集在靠近沙滩的海湾，捕食时则出现在浅水及多岩石的地方。

鼹鼠

拉丁文名"掘土"的意思，这种动物适于地下掘土生活。它的身体完全适应地下的生活方式，前脚大而向外翻，并配备有力的爪子，像两只铲子。它的头紧接肩膀，看起来像没有脖子，整个骨架矮而扁，跟掘土机很相似。它的尾小而有力，耳朵没有外廓，身上生有密短柔滑的黑褐色绒毛，毛尖不固定朝某个方向。这些特点都非常适合它在狭长的隧道自由地奔来奔去。

鳄鱼

鳄鱼不是鱼，"鳄鱼"之名，是由于其像鱼一样在水中嬉戏而得。母鳄鱼将卵产在陆地上，而小鳄鱼一出卵就会马上钻进水里。鳄鱼全身被厚厚的一层角质骨板所包裹，喜欢栖息于湖泊沼泽的滩地或丘陵山涧乱草蓬蒿中的潮湿地带。入水能游，登陆能爬，体胖力大。鳄鱼吃东西的时候是不是真的会流泪？鳄鱼真的会流眼泪，长期以来人们认为鳄鱼流泪是在排泄体内多余的盐分，但是这一点目前还没有得到科学的证实。

鲸

　　世界上存在的哺乳动物中体形最大的，不属于鱼类。鲸的祖先和牛羊的祖先一样，生活在陆地上，后来环境发生了变化，鲸的祖先就生活在靠近陆地的浅海里。经过了很长的年代，它们的前肢和尾巴渐渐成了鳍，后肢完全退化了，整个身子成了鱼的样子，就完全适应了海洋的生活。鲸的身体很大，最大的体长可达30多米，最小也超过5米。鲸每隔一段时间要到水面上呼吸，它们的鼻孔是在头顶上，浮出水面时，会喷出水柱。

山斑马

　　日行性的动物，主要的活动时间是早晨及黄昏，通常栖息在山区的草原中。以草食为主，也吃嫩叶。山斑马是群居的动物，由一只雄马领导几只雌马，还有它们的子女共同组成一个群体，雄斑马要负责保卫群体，遇到危险的时候，会警告它的妻小。雌斑马终生留在原来的群体中，成年的雄斑马会组成群体，或是向具有领导地位的雄斑马挑战。山斑马的数量已经很少，濒临灭绝。

格利威斑马

这种斑马占统治地位的雄性种马没有自己独有的雌斑马群。但它们拥有自己的领土，这便可以使它们非常开心，也许形容这种马最贴切的词就是"寂寞首领"。这种斑马使用的是一种松散的结合方式，经常变更，甚至每小时都有改变。雄性幼斑马总是出现在雌性斑马附近，用它们激烈的搏斗上演一出好戏，同时也要争出小群体的下一匹领头马。现在格利威斑马正逐渐减少，只有5000多匹存活，它们的数量已降至濒临灭绝的程度。

犀牛

犀的俗称，其状如水牛，故名。所有的犀类基本上都是腿

短、体粗壮、体肥、笨拙、皮厚、粗糙，并于肩腰等处成褶皱排列。它们胆小，爱睡觉，喜群居，小牛犊十分依恋母亲。犀牛的皮肤虽很坚硬，但其褶缝里的皮肤十分娇嫩，常有寄生虫在其中。为了赶走这些虫子，它们要常在泥水中打滚抹泥。但有趣的是，有一种犀牛鸟经常停在犀牛背上为它们清除寄生虫。

骆驼

它们的鼻孔里面长有瓣膜，在大风沙乱起时鼻孔关闭。它们的眼睫毛是双重的，能遮挡沙子。生活于戈壁荒漠地带，性情温顺，奔跑速度较快并且有持久性，能耐饥渴及冷热。骆驼有两种，有一个驼峰的单峰骆驼和两个驼峰的双峰骆驼。单峰

骆驼比较高大，在沙漠中能走能跑，可以运货，也能驮人。双峰骆驼四肢粗短，更适合在沙砾和雪地上行走。

河马

它们的眼睛、耳朵和鼻孔都在头顶，这使它们可以花费大多数时间在水中乘凉、防晒。它们的皮上没有汗腺，却有其他腺体，能够分泌一种类似防晒乳的微红色潮湿物质，并能防止昆虫叮咬。其对蚊虫的叮咬非常敏感。也正因为这一点，它们将各种食虫鸟奉为上宾，并与它们保持着友好的共生关系。在它们洗泥巴澡时，沾到它们身上的泥巴会形成一个厚壳，也能够防止蚊虫叮咬。

长颈鹿

通常生一对角，终生不会脱掉，皮肤上有花斑网纹。喜群居，一般10多头生活在一起，有时多到几十头。是胆小善良的动物，每当遇到天敌时，会立即逃跑，能以每小时50千米的速度奔跑。除了一对大眼睛是监视敌人天生的"瞭望哨"外，还会不停地转动耳朵寻找声源，直至判断平安无事，才继续吃食。古生物学家研究认为，长颈鹿起源于亚洲。

北极熊

世界上最大的陆地食肉动物，身躯庞大，体长可达2.5米以

上，行走时肩高1.6米，最大的体重可达900千克。极善游泳，主要捕食海豹、海鸟和鱼类，也食植物的浆果等。毛是白色而稍带淡黄色，黑色皮肤有助于吸收热量。它们的毛是中空的小管子，在阳光的照射下会变成美丽的金黄色，在阴天或有云的时候，毛管对光线折射和反射较少，此时看到的就是白色北极熊。

金钱豹

又称豹、银豹子、豹子、文豹，体态似虎，身长1米以上，体重50千克左右，全身棕黄而遍布黑褐色金钱花斑，因此得名。豹的体能极强，视觉和嗅觉灵敏异常，性情机警，既会游泳，又善于爬树，是食性广泛、胆大凶猛的食肉类动物。善于跳跃和攀爬，一般单独居住，夜间或凌晨傍晚出没。常在林中往返游荡，生性凶猛，但一般不伤人。在捕猎时会在密林的掩护下，潜近猎物，并来一个突袭，攻击猎物的颈部或口鼻部，令其窒息。它常把猎物拖上树慢慢吃，以防豺或狼、老虎等食肉动物前来抢夺。

花豹

　　过着独居生活，雄豹的领地范围可达40平方千米，通常会与多只雌豹的领地相互重叠。花豹追捕猎物的速度可达每小时70千米，身体异常强壮。它们能叼起相当于自身体重3倍的猎物，并能把猎物放到6米高的树枝上。所有的花豹均已列入濒危级，科学家认为，其中有4种属极危级，它们分别是南阿拉伯花豹、远东豹、北非花豹和安那托利亚花豹。种族数量不明，并且极可能已经绝种。

猎豹

　　同其他猫科动物不同，猎豹依靠速度来捕猎，而非偷袭或群体攻击。它是陆上奔跑最快的动物，全速奔驰的猎豹，时速

可以超过110千米，但不能长期奔跑，这会导致体温过热，甚至死亡。它与豹子的区别在于它不上树，只吃自己捕猎的食物，很少吃腐肉或者其他掠食动物捕捉的猎物。另外，猎豹有像犬科动物的坐姿，这是其他猫科动物所没有的。

狮

唯一一种雌雄两态的猫科动物，是地球上力量最强大的猫科动物之一。狮子以漂亮的外形、威武的身姿、王者般的力量和梦幻般的速度完美结合，赢得了"万兽之王"的美誉。狮子爱吼叫，它们的吼叫主要是为了宣誓自己的领地，以此威慑其他狮子或食肉动物。

老虎

当今亚洲现存的处于食物链顶端的食肉动物之一。老虎拥有猫科动物中最长的犬齿、最大号的爪子，集速度力量敏捷于一身，前肢一次挥击力量达1000千克力，爪刺入深度达0.11米，一次跳跃最远可达6米。虎的游泳技术高超，经常在水中避暑，爬树技巧也很突出。老虎的尖牙和利爪都是非常厉害的武器，它们还有第三件武器——尾巴。当它们攻击猎物扑空时，就会抡起尾巴向猎物横扫过去，把猎物击倒在地。

大象

大象可以用人类听不到的次声波来交流，在无干扰的情况下，一般可以传播11千米，如果遇上气流导致的介质不均匀，只能传播4千米，如果在这种情况下还要交流，象群就会一起跺脚，产生强大的"轰轰"声，这种方法最远可以传播32千米。远方的大象如何听到呢？其实大象用骨骼传导，当声波传到时，声波会沿着脚掌通过骨骼传到内耳。

狐狸

警惕性很高，如果谁发现了它窝里的小狐，它就会在当天晚上"搬家"。它尖嘴大耳，长身短腿，身后拖着一条长长的大尾巴，全身棕红色，耳背黑色，尾尖白色，尾巴基部有个小孔，能放出一种刺鼻的臭气。动物学家发现，狐狸的主要食物是昆虫、野兔和老鼠等，而这些小动物几乎都是危害庄稼的坏家伙，狐狸吃了它们等于是帮了农民的大忙。

亚洲象

是亚洲大陆现存最大的动物，一般身高约3.2米，体重可超5吨。它鼻端有一个指状突起，雌象没有象牙，即使是雄象也有

一半没有象牙或象牙很小，耳朵比较小而圆，前足有5趾，后足有4趾，共有19对肋骨，头骨有两个突起，背拱起，性情温和，比较容易驯服。亚洲象的象鼻是鼻子的延伸，顶端有一手指状突出物，非常敏感而灵巧。大象使用象鼻呼吸、闻味、喝水以及携握物品。大象对破坏其生存环境，伤害其同类及冒犯其尊严的挑衅都有自卫、报复行为。

猕猴

我国常见的一种猴类。体长0.43米至0.55米，尾长0.15米至0.24米，头部呈棕色，背上部棕灰或棕黄色，下部橙黄或橙红色，腹面淡灰黄色。鼻孔向下，具颊囊，臀部的胼胝明显。半树栖生活，多栖息在石山峭壁、溪旁沟谷和江河岸边的密林中或疏林岩山上，喜欢群居。猕猴适应性强，容易驯养繁殖，生理上与人类较接近，因此是生物学、心理学、医学等多种学科

研究工作中比较理想的试验动物。

红面猴

也称短尾猴，生活在树上，常集群在地面活动。体型比猕猴大，体背毛色棕褐，披毛较长，食性较杂，既取食野果、树叶、竹笋，也捕食蟹、蛙等小动物。其行为不仅十分丰富，而且有些是本种特有，通常可分成攻击行为、友好行为和性行为三类。作为实验动物，在我国已有部分饲养。短尾猴属于国家二级保护动物，在武夷山自然保护区活跃着一群短尾猴，经常和进入武夷山保护区旅游的游人嬉闹，与人和谐相处。

大猩猩

非常平和的素食者，大部分时间都在非洲森林的家园里闲逛、嚼枝叶或睡觉。几乎从来不喝水，所需的全部水分都从所吃的植物中获取，特别喜欢吃香蕉树的树心，它们通常靠吃竹子获取蛋白质。在动物园，饲养员主要喂食各种水果蔬菜，比如香蕉、苹果、大白菜等。不过它们也不拒绝"荤菜"，肉、蛋、奶也吃得很香。大猩猩92%至98%的脱氧核糖核酸排列与人一样，因此它是黑猩猩属现存的两个与人类最接近的动物之一。过去大猩猩曾被认为是一种幻想的生物。

狒狒

其主要在地面活动，也爬到树上睡觉或寻找食物。善游泳，能发出很大叫声，夜间栖于大树枝或岩洞中。自然界中的狒狒大多比较好斗，因为对外比较团结，所以是自然界唯一敢于和狮子作战的动物，一般3只至5只狒狒就可以搏杀一只狮子，作风十分果敢、顽强，所以一般动物园的说明文字都亲切地称狒狒为：勇敢的小战士！古埃及人和法老都称狒狒是太阳神的儿子，因为每天清晨都是狒狒第一时间全体迎接太阳的升起，十分虔诚！

海狮

海狮是一种应用价值很高的动物，在科学上占有重要的位置，但海狮也是一种濒危物种，是国家二级保护动物。

海狮因它的面部长得像狮子而得名。它以鱼、蚌、乌贼、海蜇等为食，也常吞食小石子。海狮没有固定的栖息地，每天都要为寻找食物的来源而到处漂游。其吼声如狮，有"海中狮王"之称。

海象

顾名思义，即海中的大象。它身体庞大，皮厚而多皱，有稀疏的刚毛，眼小，视力欠佳，长着两颗长长的牙，鼻子短小，缺乏耳壳，看起来十分丑陋。海象虽然外形丑陋，但通常是很友善的，只有受到骚扰时才会怒吼、咆哮，一只发怒的海象会袭击一只大船。它的两颗长牙不仅用来挖掘贝类食物，必要时还可当作攻击性的武器。

拓 展 阅 读

最小的灵长类动物：是西马达加斯加落叶林中最近被重新发现的小鼠狐猴。该种动物头部和身体的长度为0.062米，尾部长度为0.136米，平均重量为30.6克。

长相奇特的动物

叶海龙

因其身上布满形态美丽的绿叶，且游动起来摇曳生姿，被称为"世界上最优雅的泳客"。它的伪装性极强，就像一片漂浮在水中的藻类，并呈现绿、橙、金等体色。只有在摆动它的小鳍或是转动两只能够独立运动的眼珠时，才会暴露行踪。

马来熊

别称"太阳熊"，毛皮又短又滑，全身覆盖着黑色或棕黑色的皮毛，非常善于攀爬。夜晚活动，白天则经常在树上自己做的粗糙窝中睡觉或是晒太阳。由于它有粗糙短毛的保护，可以免遭蜂蜇。它有时用两只前掌交替着伸进蚁巢，再舔食掌上的白蚁。

可蒙犬

羊群守护犬，但不是牧羊犬。最初在匈牙利被培育出来，用于在广阔的草原保护大量的牲畜，可蒙犬在没有任何外援，没有得到主人任何命令的情况下，会非常认真地守卫羊群。一只成熟、有经验的可蒙犬会尽量留在需要他守护的羊群附近，不论是羊群还是主人的家庭，它在追捕猎物时，都不会离得太远，而且不会迷路。

安哥拉兔

它们除了面部一小部分外，全身都长满很浓密像丝绸的毛。耳朵呈V字形，在顶端带有像流苏的毛，眼睛圆而大，身形圆滚滚，性格温顺可爱。毛有多种颜色，如白、黑、灰、金黄色、蓝、朱古力、深褐色、浅紫色等。据说安哥拉兔源自土

135 • • •

耳其的首都安哥拉。后来安哥拉兔被带到英国去培育，便发展成长毛兔了。

小山猴

它的体形很小，成年体仅有0.13米长。小山猴是一种夜间活动食肉性动物，它最不同寻常的就是尾巴，它的尾巴可以存储脂肪，使其长时间内无需吃食物。人们习惯称它为小山猴，但它实际上是一种有袋目哺乳动物，它从澳大利亚移居至南美洲已很长时间。但不幸的是小山猴是一种濒临灭绝的物种。

鲸头鹳

在东非国家乌干达，凶狠异常的鳄鱼有一个奇异的天敌，这是一种名叫鲸头鹳的鸟，被当地人称之为"鞋之父"，该种鸟有这个怪名，不是因为它会做鞋，当然也不是因为它"发明"了鞋，而是因为它的鸟喙很像鞋，尤其像荷兰人的木鞋。这只"鞋"非同小可，不仅尖端尖锐异常，而且周边也像快刀般的锋利。能够穿透鳄鱼厚厚的皮

肤，并且上下两片夹紧猎物，就像一个工件被夹在钳工的老虎钳上。除了鳄鱼以外，它还捕食肺鱼、六须鲇鱼、水蛇、蜗牛和青蛙等动物。它们不仅爱吃甲鱼，而且也能吞进整个龟甲，消化力之强，令人瞠目。

长鼻猴

它的鼻子大得出奇，其中雄性猴随着年龄的增长鼻子越来越大，最后形成像茄子一样的大鼻子。它们激动的时候，大鼻子就会向上挺立或上下摇晃，样子十分可笑。善游泳，常在河中一边找东西吃，一边打闹着玩乐，但有时它们也能静下来一动不动地待上好几个小时。它们都能直立起来。据说，长鼻猴是世界上体重最重的猴子，雄长鼻猴的体重可达25千克，雌的不足雄的一半。

黄眼企鹅

是新西兰本土物种，是世界上非常罕见和最奇特的企鹅物种。它们可以潜水抵达120多米以下的水域，喜欢远离海岸30多千米寻找食物，它们更倾向于在森林里筑巢，而不在海岸附近。它们的忠诚度非常高，除非伴侣有传宗接代上的问题，不然不会另结新欢。具有家庭概念，每当黄昏时分，就会返回陆上的巢窝。

马岛猬

来自马达加斯加岛，这里是很多奇怪生物的栖息地，其中包括指猴和狐猴。马岛猬身上长满刚毛，并有颜色鲜艳的黄褐色条纹装饰，它会进攻想要攻击它的动物，把脖子周围的致命毒刺刺入攻击目标体内。它有非常长的鼻子，触觉与嗅觉很发达，最喜爱的食物是蚂蚁与白蚁，当它嗅到地下的食物时，会用爪挖开洞口，然后

将它的长而黏的舌头伸进洞内一转，即获得丰盛的一餐。

白面粗尾猿

被喻为"抗毒之王"，即使误食了有毒的果实或者其他动物的毒液，都不会受到伤害，这种特殊的本领也使得它们能在险象环生的丛林里繁衍至今。这种长相怪异的动物生活在巴西、圭亚那和委内瑞拉等国家，主要以水果、坚果和昆虫为食。白面粗尾猿主要分为圭亚那粗尾猿和金面粗尾猿。

皇帝绢毛猴

它的名字源于它的胡子，使它看起来像德国的一位皇帝。它们生活在亚马孙盆地西南部，在秘鲁、玻利维亚等国都有分布。成年体长0.24米至0.26米，行动灵活，整天在树丛间跳来跳去。其鼻短，眼眶直接向前。中央门齿凿状，向前突出，上臼齿大致呈三角形，常有尖的齿冠。身体和四肢细

长，尾长。前肢不发达，不能以臂行走活动。

雾姥甲虫

这种外表普通无奇的甲虫会用一种非常与众不同的方法收集水分。纳米布沙漠的降水非常稀少，因此当海岸雾霭被风吹入内陆时，这种甲虫就会倒立在沙漠里，用自己的后腿收集空气里的小水珠。

拓 展 阅 读

最丑陋的恐龙：肿头龙，肿头龙生活在6700万年前，体长可超过4米，头顶肿大，好像长着一个巨瘤，用两条粗壮的后腿走路，是鸟脚类恐龙的一种。

全球主要濒危动物

苏门答腊犀牛

世界上体形最小的犀牛，目前，它们的濒危程度极其严重。全球仅存6个野生苏门犀群，总数约300头。它们通常黄昏和清晨出来觅食，在雨季会迁徙到海拔较高的地区。它们会用很长一段时间泡泥澡，帮助维持体温并去除皮外寄生虫。

黑脚貂

目前，黑脚貂的生存空间已不足原来的2%。老鼠和地松鼠是黑脚貂的主要食物，其中草原犬鼠是黑脚貂的最爱，约占它们食物总量的90%。因为牧场主们投放了大量的毒饵毒杀草原犬鼠，结果是草原犬鼠遭到了灭顶之灾，而以其为主要食物来源的黑脚貂也跟着遭殃。

东北虎

现在东北虎的活动区域只有俄罗斯的阿穆尔河至乌苏里江和我国东北部分地域，该地区已被列为重点保护区。据估计，现存东北虎仅有350只至450只。然而，森林的大规模

砍伐以及屡禁不止的偷猎行为，仍然对东北虎的生存构成极大的威胁。其体魄雄健，行动敏捷，身长达3.4米，平均体重超过350千克，是现存体型最大的猫科动物，被誉为亚洲的"丛林之王"。

红狼

红狼曾经广泛分布于美国东南部。然而，由于人类对食肉动物的大肆捕杀，使得红狼的数量急剧减少。同时，随着红狼等食肉动物的数量减少，红狼也很难找到繁衍后代的配偶。它们不得不与北美大草原的小狼交配，因此纯种红狼的数量越来越少。现在，美国北卡罗来纳州东北部地区估计仍然生存着100

多只野生红狼。此外，在美国，还有150只头红狼被圈养。

加州秃鹰

北美最濒临绝种的鸟类之一，主要生活于科罗拉多大峡谷地区以及加州西部海岸山脉及周边区域。加州秃鹰喜食腐肉，寿命约为50岁，是世界上最长寿的鸟类之一。由于捕猎、铅中毒以及生存环境的破坏等原因，加州

秃鹰也成了世界上最为珍稀的鸟类之一。在20世纪80年代，加州秃鹰几乎完全灭绝。在多方的努力和保护下，现存加州秃鹰的数量为300多只，其中包括150多只野生的秃鹰。

恒河鲨

一种生活于印度恒河流域的珍稀鲨鱼种类，有"食人动

物"的恶名。人们经常会把恒河鲨与更危险的公牛鲨混为一谈。在世界自然保护联盟的濒危鲨鱼物种前20名红色名单上，恒河鲨名列其中。因为恒河鲨身上的油脂非常珍贵，因此被大肆捕杀。猖獗捕杀、环境恶化以及恒河的

超负荷利用，是恒河鲨面临灭绝的主要原因。

苏门答腊猩猩

在猩猩属的两个物种中，苏门达腊猩猩比婆罗洲猩猩更为珍稀。同样因为生存环境的破坏和偷猎行为，这种珍稀动物不可避免地面临着灭绝的危险。野生猩猩寿命约为45岁，比其他灵长类动物生殖周期更长。雌性猩猩一生中生产的后代不超过3个，这意味着，猩猩的数量增长缓慢。而且，猩猩的数量一旦因为受到外界的威胁而大幅减少后，就很难恢复到原有的规模。

菲律宾鳄

一种只分布于菲律宾各岛屿的淡水鳄鱼品种，其学名也源

自其产地。在菲律宾，虽然严禁捕杀这种鳄鱼，但是它们的生存还是不断受到人类的干扰。人类的开发活动以及非法炸鱼等现象严重威胁了菲律宾鳄的生存。1995年的一次调查发现，全球仅存100只成年野生菲律宾鳄。因此，菲律宾鳄也成为地球上最濒危的物种之一。

山地大猩猩

由于森林的大肆砍伐、无节制捕猎以及非法宠物交易等因素，使得山地大猩猩遭到大批杀害。目前，野生山地大猩猩仅存720余只，主要分布于乌干达布温迪国家公园以及刚果、卢旺达和乌干达三国交界处的维龙加山脉火山地带。中非的动荡局面也是山地大猩猩难以得到有效保护的原因之一。

西部灰鲸

遭受19世纪末至20世纪初疯狂捕杀后的西部灰鲸，数量一直未能恢复到捕杀前的规模。目前，全球仅存100多头灰鲸，其中只有23头是具有生育能力的雌鲸。俄罗斯库页岛东部沿岸，是目前人类所知道的西部灰鲸唯一生存场所，如今也被石油公司占领。高密度的地震勘探、海底钻探、重量级船舶航行和空中运输、石油外泄等对于西部灰鲸来说，都是致命的打击。

扬子鳄

全球鳄鱼共有25种，我国只有湾鳄和扬子鳄。扬子鳄是我国特有的一种鳄鱼，是世界上体型最细小的鳄鱼品种之一。它既是古老的，又是现在生存数量非常稀少、世界上濒临灭绝的爬行动物。在扬子鳄身上，至今还可以找到史前恐龙类爬行动物的许多特征，所以，人们称扬子鳄为"活化石"。其对于

人们研究古代爬行动物的兴衰和古地质学和生物的进化都有重要意义。我国已经把扬子鳄列为国家一类保护动物，严禁捕杀。

麋鹿

俗名"四不象"，它是我国特有的湿地鹿类，曾于1900年在我国本土灭绝，幸有少量存于欧洲。经过一个世纪的养护，种群才得以恢复。

麋鹿是湿地动物，由于对湿地生活环境的适应，而形成特殊的形态，即角似鹿非鹿、脸似马非马、蹄似牛非牛、尾似驴非驴。

拓展阅读

已经灭绝的物种：冰岛大海雀、北美旅鸽、南非斑驴、印尼巴厘虎、澳洲袋狼、直隶猕猴、高鼻羚羊、普氏野马、台湾云豹等物种都已经不复存在。